溧阳鸡公鸡

溧阳鸡母鸡

鹿苑鸡公鸡

鹿苑鸡母鸡

武定鸡公鸡

武定鸡母鸡

浦东鸡公鸡

浦东鸡母鸡

桃源鸡公鸡

桃源鸡母鸡

惠阳胡须鸡公鸡

惠阳胡须鸡母鸡

清远麻鸡公鸡

清远麻鸡母鸡

杏花鸡公鸡

杏花鸡母鸡

海红黄鸡公鸡

霞烟鸡母鸡

河田鸡母鸡

固原鸡母鸡

安义瓦灰鸡公鸡

安义瓦灰鸡母鸡

崇仁麻鸡公鸡

崇仁麻鸡母鸡

陕北鸡公鸡

陕北鸡母鸡

太白鸡公鸡

太白鸡母鸡

康乐鸡公鸡

康乐鸡母鸡

黄郎鸡公鸡

黄郎鸡母鸡

阳山鸡母鸡

怀乡鸡公鸡

怀乡鸡母鸡

江山白羽乌鸡母鸡

灵昆鸡公鸡

灵昆鸡母鸡

南丹瑶鸡公鸡

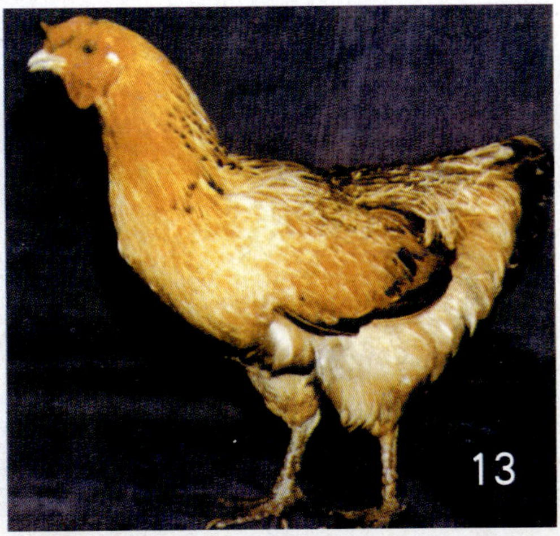

南丹瑶鸡母鸡

宁都黄鸡公鸡

宁都黄鸡母鸡

文昌鸡

丝羽乌骨鸡公鸡

丝羽乌骨鸡母鸡

四川山地乌骨鸡公鸡

四川山地乌骨鸡母鸡

金湖乌骨鸡公鸡

金湖乌骨鸡母鸡

余干乌骨鸡公鸡

余干乌骨鸡母鸡

略阳鸡公鸡

略阳鸡母鸡

艾维茵母鸡

墟岗黄鸡公鸡

新扬州鸡公鸡

新扬州鸡母鸡

新狼山鸡公鸡

新狼山鸡母鸡

苏禽黄鸡母鸡

广西三黄鸡公鸡

广西三黄鸡母鸡

景黄鸡公鸡

景黄鸡母鸡

贵州黄鸡母鸡

闽中麻鸡

闽中黄鸡

梅岭土鸡

青脚麻花鸡

萧山草三黄

黑凤鸡

五黑鸡

神农优质肉鸡系列
——青脚麻鸡

神农优质肉鸡系列
——特优质黄鸡

神农优质肉鸡系列
——麻羽乌骨鸡

新秀黄(特快型)

新秀黄(快速型)

新秀黄草鸡

新秀黄(商品代)

新秀麻黑

新秀乌骨鸡

雪山草鸡

皖江麻青脚（土鸡型）

皖江麻青脚（快速型）

皖江黄(超速型)

江淮优质鸡

特快皖禽黄

优质皖禽麻

三青黄鸡

三青青脚麻鸡

贡 鸡

闽燕麻羽黑肉鸡

闽燕麻羽三黄鸡

鲁禽青脚麻鸡

河南黄鸡系列——青脚麻鸡

河南黄鸡系列——快大麻鸡

河南黄鸡系列——改良土鸡

河南黄鸡系列——快大黄鸡

金种 1 号麻黄鸡

金种 3 号黄鸡

罗斯 - 308

畜禽良种引种丛书

肉鸡
良种引种指导

ROUJI
LIANGZHONG YINZHONG ZHIDAO

编著者 金光钧
慎伟杰
程光潮
宫桂芬
张学余

金盾出版社

内 容 提 要

本书内容包括:我国肉鸡生产概况,我国地方品种中的优良肉鸡,我国培育的良种肉鸡,引进的肉鸡品种等。并附有供种单位名单。对肉鸡良种引种生产具有较强的针对性和指导性。可供肉鸡养殖者、经营管理者和有关农业院校师生阅读参考。

图书在版编目(CIP)数据

肉鸡良种引种指导/金光钧等编著.—北京:金盾出版社,2003.11

(畜禽良种引种丛书)

ISBN 978-7-5082-2730-6

Ⅰ.肉… Ⅱ.金… Ⅲ.肉用鸡-引种 Ⅳ.S831.2

中国版本图书馆 CIP 数据核字(2003)第 091651 号

金盾出版社出版、总发行

北京太平路 5 号(地铁万寿路站往南)

邮政编码:100036 电话:68214039 83219215

传真:68276683 网址:www.jdcbs.cn

彩色印刷:北京精美彩印有限公司

黑白印刷:北京兴华印刷厂

装订:双峰装订厂

各地新华书店经销

开本:850×1168 1/32 印张:7.75 彩页:32 字数:167 千字

2009 年 2 月第 1 版第 4 次印刷

印数:27001—33000 册 定价:13.00 元

序言

改革开放以来，我国畜牧业取得了辉煌成就。全国在20世纪末只用了约20年的时间，就使肉、蛋的产量跃居世界第一，禽肉总产量位居世界第二。畜牧业已成为丰富城乡居民菜篮子和农民致富的重要产业。

科学技术进步是畜牧业发展的动力。畜禽良种的培育、引进、推广是畜牧业发展的基础工作之一，也是畜牧业技术进步的重要标志，现在和将来都会对增加畜产品产量、改进畜产品品质和提高畜牧业经济效益发挥重要作用。引种是一项技术性很强的工作，只有坚持从本地区、本单位的实际出发，做到科学引种，才能避免风险，取得预期效果。

在我国畜牧业的发展过程中，科普工作发挥了重要的作用。但是，近年来引进品种和国内培育品种均有所变化，专门介绍畜禽品种的科普书籍还不多。为此，金盾出版社约请中国畜牧业协会、中国农业科学院、甘肃农业大学、东北农业大学和浙江大学动物科学学院等单位的畜禽养殖专家，编著出版了《畜禽良种引种丛书》。"丛书"包括猪、羊、奶牛、肉牛、家兔、蛋鸡、肉鸡、鸭鹅和肉鸽鹌鹑等9个分册。各分册详细介绍了优良品种的来源、特征特性和生产性能，阐述了引种的原则和方法，具体介绍了主要供种单位及其联系方式。

"丛书"的编著者均为多年从事畜牧业的技术工作者，具有较为全面的专业知识和丰富的实践经验。我衷心期望这套丛书能在今后畜禽养殖业生产中发挥作用，为我国畜牧事业的发展做出有益贡献。

中国畜牧业协会会长 [signature]

2003年7月1日于北京

前言

编写《肉鸡良种引种指导》的目的，首先是为了能使广大读者在引种时得到有益的指导，其次是更好地为种禽企业服务。以这本书在企业与读者间架起一座了解和沟通的桥梁。

在生产实践中，我国肉用鸡的品种可分为地方品种、培育品种和引进品种三大类。我们在拟定编写提纲时，把相关的肉鸡品种名称排列成表，共有 90 多个，其中仅地方品种就有近 50 个，可见我国鸡种资源的丰富，堪称世界第一。我国的地方鸡种，可以说是一个品种资源的宝库。除原有许多世界驰名的品种外，新近被挖掘出的品种也不少，但真正被开发成规模化产品的却只有一部分。我国引进的肉鸡品种，没有蛋鸡品种多，大规模肉用仔鸡的生产，只集中在少数的几个品种上。随着我国和东南亚地区“优质肉鸡”业的蓬勃兴起，我国培育的肉鸡良种也呈现出纷繁多样的状况，其中一部分也已发展到成熟的产业化阶段。

列入本书的品种，一部分是被收录入各级“品种志”或已通过验收、审定的；另一部分则是正在培育中且已在生产中有较大推广量的鸡种。各地新涌现且正在宣传的鸡种也很多，我们只能采用汇集的方式加以叙述，以供参考。对于供种单位的情况我们也只能做到尽可能的准确，且较重视电话通讯的方式。虽然我们已做了很大努力，但由于新的情况会不断出现，旧的情况也随时变化，本书中不够完善或者是错误的地方实难避免，恳请广大读者予以批评指正。

如实介绍鸡种的特性，使引种者能够有据可依，事实上就是在落实和执行我国的《种畜禽管理条例》。希望广大读者在生产实践中一定要认真执行管理条例的规定，才能真正达到引种的目的。

在此，我们要特别感谢广东省温氏集团、深圳康达尔公司、北京家禽育种有限公司等企业的大力支持；感谢陈宗群、涂化章和杨国宝等同志的大力协助。中国畜牧业协会的张伟同志为本书所用照片的收集也做了大量工作。

编著者

2003年6月

ROU JI LIANGZHONG YINZHONG ZHIDAO

目录

第一章　我国肉鸡生产概况

第二章　我国地方品种中的优良肉鸡

第三章　我国培育的良种肉鸡

第四章 引进的肉鸡品种

第一章 我国肉鸡生产概况

一、肉鸡业概况及引种意义

我国肉鸡业有着悠久的历史。在过去很长一段时间内，大都以地方优良品种为主。在《中国家禽品种志》所列入的27个鸡种中，肉用型的为8个，肉蛋兼用型的为13个，药用型的1个。这22个鸡种均可用于生产鸡肉。此外，各地还有许多优良鸡种未被列入。

早在20世纪20～30年代，我国沿海城市就少量引进过奥品顿、婆罗门和横斑洛克等肉鸡品种饲养；解放后，在50年代引进了澳洲黑鸡，并与狼山鸡杂交培育成新狼山鸡；70年代上海又引进了白洛克和红考尼什等与浦东鸡杂交，培育了新浦东鸡；80年代后，开始引进适合工厂化饲养的肉用仔鸡品种。其中白羽的有罗曼、爱拔益加、星布罗、科宝、哈伯德和海波罗等；红羽的有海佩科、狄高黄、红宝和安卡红等。肉用鸡种的引进，使我国肉用仔鸡业得到了快速的发展。与此同时，国内也培育出了艾维茵2000型和多胸肉的2024型配套系；上海新杨育种集团还保留了安卡红鸡的曾祖代鸡种。其余像爱拔益加、罗斯、科宝和海波罗等祖代鸡，则每年从国外引进。2002年，我国自己繁育和引进的祖代肉种鸡已达75万套，年供父母代能力达3 500万套。

国外肉鸡品种的引进，促进了国内肉鸡的育种。20世纪80年代，广东省以引进的隐性白羽鸡为母本与当地的石岐杂鸡和其他优良地方鸡种为父本，培育出适合供香港需求的优质肉鸡配套系“882”，开创了肉鸡育种的新局面。该省先后涌现出各类育种公司曾达18家之多。由于粤、港、澳地区喜欢黄羽、黄脚、黄皮肤肉质好的“三黄鸡”，故三黄鸡一度成了优质肉鸡的代名词。后来，在福建、广西、江苏、安徽、浙江、上海以及河南等省、市、自治区也培育了一批“仿土鸡”的品种。有些公司直接用地方优良鸡种进行生产，如河南省的三高集团，直接用固始鸡培育后生产肉鸡。此外，还有广西的良凤花鸡、福建的永安麻鸡、浙江的梅岭土鸡和江苏的本地草鸡等等。这许许多多的鸡种中，通过国家级鉴定的有康达尔黄鸡、江村黄鸡、新兴黄鸡和岭南黄鸡等配套系，有的还通过了省、市级的鉴定。

由于引进国外鸡种发展了肉用仔鸡业，结合我国各地特点培育了一大批优质鸡配套系或品种，使我国禽肉生产仅次于美国跃居世界第二位。1985～2002年我国禽肉从年产160.2万吨上升到1 351.94万吨（预计数），比1985年增长了8.4倍，鸡肉产量为980万吨，占禽肉的72.49%（表1-1）。肉鸡业在禽肉中占主导地位，其次为水禽肉，而珍特禽肉占比例很低。2002年全世界人均禽肉11.46千克，我国人均为10.48千克，与世界人均量还差0.98千克，可见禽肉生产仍有一定的发展空间。

表1-1　1985～2002年我国禽肉和鸡肉的产量　（单位：万吨）

年　份	禽肉产量	增长（%）	鸡肉产量	增长（%）
1985	160.2	—	145	—
1990	322.9	—	266	—
1991	395.0	22.30	317	19.17
1992	454.2	15.00	359	13.25
1993	573.6	26.30	457	27.30
1994	755.2	31.00	515	12.69
1995	934.7	24.10	606	17.67
1996	1074.6	15.00	616	1.65

续表 1-1

年　份	禽肉产量	增长(%)	鸡肉产量	增长(%)
1997	979.0	-9.09	724	17.53
1998	1087.3	9.89	795	9.81
1999	1115.5	6.60	837	5.02
2000	1207.5	4.17	903	7.89
2001	1210.3	0.23	940	4.10
2002	1351.9	11.70	980	4.25

注:2002 年为农业部预计数

通过引种,我国已建立起肉鸡良种繁育体系。其中快大型商品肉鸡一般 40 天左右活重可达 2 千克。而优质肉鸡分为快速型、中速型、慢速型优质鸡,上市体重从 1.2~3 千克,上市日龄有 56、70、90、105、120 天不等,可以满足不同消费层次的需求。

肉鸡业经过多年的发展已经形成了一批龙头企业,如广东温氏集团 2002 年销售肉鸡 2.18 亿只;吉林德大公司年屠宰肉鸡 1 亿只以上,这些龙头企业通过公司+基地+农户的形式,不仅出口创汇而且带动农民致富,平均每只肉鸡可获利 1.3 元左右。河南三高集团以地方优良品种固始鸡育种和推广为主,年生产能力可达 5 000 万只,在带动山区农民致富,丰富城乡市场方面都起到了带头作用。

二、肉种鸡市场特点及引种中存在的问题

(一)肉种鸡市场特点

我国现有肉种鸡原种场 2 个,祖代鸡场(2001 年)50 个,父母代鸡场 1 232 万个。当年饲养祖代鸡 172.7 万只,饲养父母代鸡 2 883万只。除部分祖代鸡(快大型)需从国外进口外,优质肉鸡以

国内繁育供种为主。根据中国种畜进出口公司 1996～2002 年统计进口和自繁快大型祖代肉种鸡数量见表 1-2。

表 1-2 1996～2002 年进口和自繁祖代肉种鸡数量 （单位：万套）

年 份	1996	1997	1998	1999	2000	2001	2002
数 量	66.31	67.49	44.18	49.07	63.46	65.48	76.74

1996 年祖代肉鸡达到 66.31 万套后，已经造成 1997 年鸡肉产量的负增长（表 1-1）。目前快大型肉种鸡总量过剩，尤其是 2002 年达到 76.74 万套的超历史水平。当年饲养总量达到 106.4 万只，按每套祖代鸡一个周期 64 周内可供 55 套父母代计算，年（52 周）可供父母代 3 400 万套。现在父母代种鸡已从每套 13～15 元，下跌至 6～8 元的成本价以下。看来我国快大型优质肉鸡总量应在 50 万套左右为宜。

（二）引种中存在的问题

优质肉种鸡也存在数量过多的问题，引种中要注意引用已经国家或省、市级鉴定的与经过多年在各地反馈信息中饲养效果好的，不要从一些未经系统育种、制种的公司和种鸡场引种，盲目追求所谓新品种、新配套系，以免生产性能达不到要求而造成不必要的损失。

发展肉鸡业当前要以国内为主，因为 2001 年全国禽肉总产量为 1 210.3 万吨，而出口禽肉为 55 万吨，只占禽肉总产量的 4.5%。出口的鸡肉卫生要求很高，只有一些大型企业才能达到要求。而国内销售也要按市场要求，供肯德基用的肉用仔鸡，一般体重只要 2 千克就可以了，切成 9 块出售。而要分割上市体重达 2.5 千克时，出肉率才高一点；如出口市场胸肉价格好，还应选用高出肉率的哈伯德-HY 型、罗斯-308 型和艾维茵-2024 型。用常规标准型肉鸡，延长饲养日龄做分割用在经济效益上是不利的，标准型肉鸡胸肉率为15.5%～16.5%，而高出肉率的肉鸡胸肉率可达17%～19%。

引种时要严格不同代次的区别。一般父母代种鸡都是三元或四元杂交种，而且是通过测定这种配套组合生产性能最佳的，商品后代杂种优势很明显，但第二年必须重新引种。否则，会造成严重的退化和生产性能下降。此外，所引种的种鸡场应当有当地畜牧行政部门颁发的“种畜、禽生产许可证”，才能防止假冒伪劣商品的伤害。

三、肉鸡饲养场(户)的引种工作

肉鸡饲养场(户)在充分做好当地市场和销售渠道(包销、交易市场、自销等)的调查研究之后，才能确定引种工作。

我国南方、北方对肉鸡的品种，消费习惯差异很大。饲养品种北方以快大型肉鸡为主，南方以优质鸡为主。有的有大型屠宰场或公司收购集中屠宰，有的直接以活鸡上市，有的供应超市、旅游饭店等不同方式。今后为了防止疾病传播，活鸡市场会减少，而发展冰鲜鸡更卫生，所以要确定适合的饲养品种，然后确定引种的种鸡场和规模与数量等。

饲养规模要根据饲养场(户)的经济能力而定，包括饲养舍、设备、饲料、疫苗、药品等准备。引种一般很少引成年鸡，通常引1日龄雏鸡或者引进种蛋进行孵化。

根据本书或引种单位介绍的生产性能和饲养管理手册的要求进行饲养或孵化，健雏和合格的种蛋是基础。其中育雏、育成、产蛋期成活率、体重(快大型的要限饲和控制体重)标准和产蛋性能，主要以种鸡所产合格种蛋为主要指标。如果引进种蛋，则以入孵种蛋的受精率和出雏率为主要指标。如果各项指标达到或超过该品种或配套系的平均生产水平时，说明引种成功，如无特殊原因，市场调研准确,应当有较好的效益。除非刚引进种雏早期(1周内)和种蛋受精率过低(未达合同指标)时,在怀疑由对方原因造成时要及时留样,送往当地兽医检疫部门进行检验,如确因种雏、种蛋原因引起的白痢或其他规定种鸡场不应有的传染病时,可要求索赔。

第二章　我国地方品种中的优良肉鸡

据不完全统计,被列入地方品种资源名录的品种,有80余个。其中绝大多数均为兼用型与肉用型。

近年来,随着社会对自然资源的保护和市场对优质肉鸡的需求,我国的地方鸡种受到极大的重视。有许多认识不够或未被认识的鸡种,也得到了重新认识和进一步挖掘。有的地方鸡种已被开发到较为成熟的规模化生产阶段。可以确信,我国的地方鸡种,必将会在未来肉鸡业的发展中,发挥其巨大潜力。

一、大骨鸡

(一)育成概况

大骨鸡产于辽宁省庄河市。关于大骨鸡的形成历史,据资料记载,早在200多年前,山东移民带来了大型的寿光鸡,尔后与当地鸡杂交,并经长期选育而成。产区人民非常注意鸡的选种工作,每到孵化季节,多向饲养优良种鸡户串换种蛋,在自养鸡群中注意选产连蛋、下秋蛋、生大蛋的鸡,并重视选留体大健壮的公鸡配种。

产区自然环境条件十分优越。庄河市位于辽宁省东南部,背山面海,地势自北向南倾斜,北部为山区,中南部为丘陵,沿海区夹有平原。土壤主要为砂壤土,沿海区多属盐碱土。当地受海洋性气候影响,降水量多,为湿润地区,有利于农业生产。农作物以玉米、水稻为主,还有大豆、花生、甘薯等。北部山区盛产柞蚕,沿海区水产资源丰富,有大量的动物性饲料和矿物质饲料。这些自然生态条件,对大骨鸡的体大、蛋大、耐牧等优良特性的形成起了一定的作用。

(二)外貌特征

大骨鸡体型魁伟,胸深且广,背宽而长,腿高粗壮,腹部丰满,墩实有力,觅食力强,属兼用型鸡种。公鸡羽毛棕红色或棕色,尾羽黑色并带金属光泽。母鸡多呈麻黄色。头颈粗壮,眼大明亮,单冠,冠、耳叶、肉垂均呈红色。喙、胫、趾均呈黄色。

(三)体重、体尺

据庄河种鸡场1999年测定,成年大骨鸡的体重和体尺见表2-1。

表2-1 成年大骨鸡的体重和体尺测定结果

性别	体重(克)	体斜长(厘米)	胸宽(厘米)	胸深(厘米)	龙骨长(厘米)	骨盆宽(厘米)	胫长(厘米)
公鸡	2900	20.9	8.4	12.9	13.5	10.4	12.8
母鸡	2300	17.9	7.3	10.6	10.9	8.0	9.7

(四)产蛋性能

蛋大是大骨鸡的突出优点,蛋重为62～64克,有的蛋重达70多克,年平均产蛋160枚;在较好的饲养条件下,可达180多枚。蛋壳深褐色,壳厚而结实,破损率低。蛋形指数为1.35。

(五)产肉性能

据测定,大骨鸡生长期各阶段体重见表2-2。

表 2-2 大骨鸡生长期各阶段体重 （单位：克）

性别	60 日龄	90 日龄	120 日龄	150 日龄	180 日龄
公鸡	650.0	1039.5	1478.0	1771.0	2223.5
母鸡	534.0	881.0	1115.0	1202.0	1784.5

（六）繁殖性能

公、母配种比例一般为 1:8～10，母鸡开产日龄平均为 213 天。种蛋受精率约为 90%，受精蛋孵化率为 80%。就巢率为 5%～10%，就巢持续期为 20～30 天。60 日龄育雏率在 85% 以上。

（七）饲养管理特点

1. 具有抗寒性 大骨鸡具有抗寒和抗干燥性气候的能力，适宜在我国北方地区饲养，如在炎热地区饲养，应适当降低舍内温度和湿度，特别是在夏天，应做好防暑降温工作。

2. 性成熟迟 大骨鸡一般在 7 月龄开产，开产较迟。因此，在开产前以及产蛋期应增加光照时数，以提高大骨鸡的产蛋性能。

3. 骨架大 在饲养后期应适当提高蛋白质、代谢能的含量，增加肌肉的丰满度，提高上市日龄的屠宰率。

（八）供种单位简介

大骨鸡的供种工作主要由大连市庄河市种畜场大骨鸡繁育中心承担。该鸡场从成立以来，一直承担大骨鸡的保种工作，采用家系等量随机配种的方法，避免全同胞和半同胞交配，有效地降低了近交系数的上升，减少了世代间的基因漂变，保持大骨鸡的生物学特性特征相对稳定。目前大骨鸡在保种的基础上，又建立了育种鸡群，边选育边开发，取得了极其显著的经济效益。

二、北京油鸡

(一)育成概况

据传说,北京油鸡在清朝中期即已出现,距今至少有250余年的历史。

产区位于京都的近郊,地势平坦,水源充足,土质肥沃,农业生产以粮菜间作为主。农作物有小麦、玉米和水稻等。这就为油鸡的形成具备了良好的物质条件。

当地农民长期参与城乡间的集市贸易,为了满足消费者对鸡肉、蛋品和观赏爱好等方面的特殊需要,逐渐积累了鸡的繁殖、选种和饲养管理等经验,经过长期选择和培育,从而形成了这一外貌独特、肉蛋品质兼优的地方优良鸡种。

建国前,北京油鸡剩余不多,濒于绝种。20世纪50年代初期,北京农业大学曾以油鸡为母本,开展了杂交育种的研究工作。70年代中期以来,中国农业科学院畜牧研究所和北京市农林科学院畜牧兽医研究所相继对民间搜集的北京油鸡种鸡进行了繁殖、提纯、生产性能测定和推广等工作,从而使这一品种得以保存。

(二)外貌特征

北京油鸡的体躯中等。羽毛呈赤褐色的鸡(俗称紫红毛),体型较小;羽毛呈黄色的鸡(俗称素黄毛),体型略大。初生雏全身披着淡黄色或土黄色绒羽,冠羽、胫羽、髯羽也很明显,体浑圆。成年鸡的羽毛厚密而蓬松。公鸡的羽毛色泽鲜艳光亮,头部高昂,尾羽多呈黑色。母鸡的头、尾微翘,胫部略短,体态墩实。其尾羽与主、副翼羽中常夹有黑色或以羽轴为中界的半黑半黄的羽片。

北京油鸡具有冠羽和胫羽,有些个体的胫羽很长,被称为“凤翅”,还有的个体兼有趾羽。不少个体的颌下或颊部生有髯须。因此,人们常将这“三羽”(凤头、毛腿和胡子嘴)性状看做是北京油鸡的主要外貌特征。

冠型为单冠,冠叶小而薄,在冠叶的前段常形成一个小的“S”状褶曲,冠齿不甚整齐。凡具有髯羽的个体,其肉垂很少或全无。头较小。冠、肉垂、脸、耳叶均呈红色。眼较大,虹膜多呈棕褐色。喙和胫呈黄色,喙的尖部微显褐痕。部分个体分生五趾。

赤褐羽油鸡,羽色深褐,冠羽大而蓬松,常将眼的视线遮住。这种鸡主要分布在安定门外的北顶、小关、大屯等地区。黄羽油鸡的羽色呈淡黄色或土黄色,主要分布在海淀区大钟寺一带。相传北京油鸡尚有豇豆白色、黑色、白色和灰色羽毛的类型,但目前已很难见到。

(三)体重、体尺

据北京市农林科学院畜牧兽医研究所测定,北京油鸡的体重和体尺见表2-3。

表2-3 成年北京油鸡的体重和体尺测定结果

性别	体重(克)	体斜长(厘米)	胸深(厘米)	龙骨长(厘米)	骨盆宽(厘米)	胫长(厘米)
公鸡	2049±35.70	20.20±1.65	12.50±0.10	12.80±0.11	9.19±0.11	9.13±0.08
母鸡	1730±17.60	16.34±0.13	10.70±0.08	9.60±0.10	7.86±0.08	8.39±0.07

(四)产蛋性能

性成熟期较晚,在自然光照条件下,公鸡2~3月龄开啼,6月龄后精液品质渐趋正常;母鸡7月龄开产,体重约为1.6千克。

在农村放养条件下,每只母鸡年产蛋约为110枚,当饲养条件较好时可达125~150枚。平均蛋重为56克。每只母鸡的年产蛋量约为7千克。蛋壳褐色,有些个体的蛋壳呈淡紫色,素有“紫皮蛋”之称，蛋壳的表面覆布一层轻淡的白色胶护膜（俗称“白霜”），色泽格外新鲜，蛋壳强度为3.13千克/平方厘米，蛋壳厚度为0.325毫米。蛋形指数为1.32。新鲜蛋的哈氏单位为85.4。蛋的品质的各项指标均达到较高的水平，深受群众喜爱。

（五）产肉性能

北京油鸡的生长速度缓慢。其初生重为38.4克，4周龄重为220克，8周龄重为549.1克。12周龄重为959.7克，16周龄重为1 128.7克。20周龄的公鸡为1 500克、母鸡为1 200克。该鸡的采食量较少，从初生到8周龄，平均每只日采食量尚不足30克。

雏鸡的长羽速度较慢。8周龄时，羽毛尚未长齐。但该鸡的第二性征表现较早，在4周龄时即可较明显地区分公、母。选用原产地农村条件饲养的成年鸡进行屠宰，其测定结果见表2-4。

表2-4　成年北京油鸡的屠宰测定结果

性　别	体重（克）	半净膛屠宰率（%）	全净膛屠宰率（%）
公　鸡	1760.0	83.5	76.6
母　鸡	1640.0	70.7	64.0

胴体皮肤微黄，紧凑丰满，肌间脂肪分布良好，肉质细致，肉味鲜美，适于多种烹调方法，为鸡肉中的上品。

（六）繁殖性能

一般在每年的3～7月份进行繁殖，由孵化场从农户中收购种蛋，采用电器孵化，推广种雏。也有少数农户经营季节性的炕孵。

在采留种蛋期间，鸡群的公、母配种比例一般为1∶8～10只。农村的种蛋，受精率均在80%以上。专业场的种蛋受精率和孵化率均可超过90%。

北京油鸡有明显的就巢性，一般出现在5～8月份，而以7月份为最多。就巢的持续期,短者为20天左右,长者可达2个多月。

雏鸡的生活力较强,在正常的饲养管理条件下,2月龄的成活率均可达到95%左右。

(七)饲养管理特点

1. 性情温驯 油鸡活动能力差,在选鸡以及接种疫苗时鸡群容易扎堆而压死。因此,在抓鸡时,要有专人看管鸡群,以减少意外的损失。

2. 注意调教饮水 油鸡觅食能力差,特别由地面转入笼养时,由于凤头上羽毛挡住了眼睛的视线,找不到设置于上方的乳头,往往在笼子里活活的渴死,因此,上笼后要注意观察鸡群,对不会喝水的鸡只要进行调教。

(八)供种单位简介

1. 北京市农林科学院畜牧兽医研究所 该单位在保种的基础上,对北京油鸡曾进行过开发,组成宫廷黄鸡配套系在生产上应用,主要在北京、辽宁和广西等地进行推广,内蒙古草原兴发公司也曾从北京引入油鸡生产杂交鸡进行推广。

2. 中国农科院畜牧研究所北京华谷生物营养科技发展有限公司 详见附录。

三、溧阳鸡

(一)育成概况

溧阳鸡产于江苏省溧阳市。产区属丘陵山区,植被繁茂,活食昆虫丰富,而农村鸡群多采取放养,一般农户常养几十只鸡,任其终日在田野间奔跑觅食,肌腱得到锻炼,形成溧阳鸡具有脚粗长、胸宽、肌肉丰满、觅食能力强和产蛋较多的特点。

(二)外貌特征

溧阳鸡体型较大,体躯略呈方形,属肉用类型。羽毛以及喙和脚的颜色多呈黄色,但麻黄色、麻栗色者亦甚多。

雏鸡以快生羽为主。出壳毛色呈米黄色,部分常有条状黑色的绒羽带。

公鸡单冠直立,冠齿一般为5个,齿刻深。耳叶、肉垂较大,呈鲜红色。羽色为黄色或橘黄色,主翼羽有黑色与半黄半黑色之分,副翼羽黄色或半黑色,主尾羽黑色,胸羽、梳羽、蓑羽金黄色或橘黄色,有的羽毛有黑色镶边。

母鸡单冠有直立与倒冠之分。眼大,虹膜呈橘红色。全身羽毛平贴体躯,翼羽紧贴,羽毛绝大部分呈草黄色,有少数呈黄麻色。

(三)体重、体尺

据江苏省溧阳市食品公司燕山种鸡场测定,其成年鸡的体重和体尺见表2-5。

表2-5　成年溧阳鸡的体重和体尺测定结果

性别	体重(克)	体斜长(厘米)	胸宽(厘米)	胸深(厘米)	龙骨长(厘米)	骨盆宽(厘米)	胫长(厘米)
公鸡	3850 ±150.00	23.40 ±0.33	9.70 ±0.18	14.60 ±0.27	13.50 ±0.18	11.90 ±0.11	10.00 ±0.12
母鸡	2600 ±86.60	20.80 ±0.25	8.60 ±0.14	8.60 ±0.14	12.10 ±0.14	9.80 ±0.12	8.10 ±0.12

(四)产蛋性能

据对147只母鸡统计,平均开产日龄为243±39天,300日龄产蛋39±2.7枚,500日龄产蛋145.4±25枚。蛋重为57.2±4.9

克。蛋壳褐色。

(五)产肉性能

在一般放养条件下,溧阳鸡生长速度并不快,据1981年3月按下述配合料饲养观察,56日龄前期在粗蛋白质含量为18%左右、能量为12.55兆焦/千克,90日龄前后粗蛋白质含量为13.2%、能量为12.88兆焦/千克条件下饲养,其结果见表2-6。

表2-6 溧阳鸡不同日龄体重 (单位:克)

性别	56日龄	90日龄
公鸡	711.90±0.75	1350±14.70
母鸡	622.60±0.59	1150±12.85

溧阳鸡90日龄和成年鸡的屠宰测定结果见表2-7。

表2-7 溧阳鸡屠宰测定结果

日龄	性别	体重(克)	胴体占活重(%)	半净膛屠宰率(%)	全净膛屠宰率(%)
90	公鸡	1350	89.50	82.00	71.90
	母鸡	1200	87.20	83.20	72.40
成年	公鸡	3390	91.65	87.50	79.30
	母鸡	2470	92.43	85.40	72.90

(六)繁殖性能

公、母配种比例为1:13,种蛋受精率为95.3%,受精蛋孵化率为85.6%。溧阳鸡就巢性较强,据统计,202只母鸡养至500日龄,就巢53只,占26.24%。一般就巢鸡如不让它就巢,每次10天左右即醒抱。5周龄育雏率为96%。

(七)饲养管理特点

1. 早期生长速度慢 溧阳鸡是蛋肉兼用型鸡种,如果把该鸡种作为肉用型的鸡种来饲养,早期增重慢。因此,在商品鸡饲养上,早期应提高饲料中蛋白质和能量的水平。

2. 有啄癖现象 溧阳鸡早期饲养有啄羽、啄肛、啄趾的恶癖。因此,在早期饲养上应采取一些防啄癖的措施,如用黑布遮窗挡住光线;在鸡舍里吊上几捆青草,让鸡跳跃啄草;调整饲料配方,满足营养需要。

(八)供种单位简介

溧阳鸡是中速型的鸡种,在前几年,由于该鸡种优质不优价,因此,开发力度不大。近年来,由于人们的生活水平提高,对溧阳鸡有所兴趣,所以,江苏省溧阳市食品公司燕山种鸡场正在进行溧阳鸡的纯系选育和配套系的筛选工作。

四、鹿苑鸡

(一)育成概况

鹿苑鸡产于江苏省张家港市鹿苑镇一带。产区地处长江下游南岸冲积平原,位于江苏省东南部,北临长江,农业、水产资源丰富。群众养鸡多利用农副产品和水产品下脚料,早晚补饲,对鹿苑鸡的形成起了十分重要的作用。养鸡是当地群众的一项重要的传统家庭副业,长期以来积累了极其丰富的孵化、育雏和饲养经验,例如重视选蛋和选雏,对种鸡的选留要求以体型高大、体格粗壮结实、勤于觅食以及黄喙、黄脚、黄羽和黄皮(通称“四黄”)为主要标准。并利用鹿苑鸡就巢性较强的特点,每年孵蛋3~4窝,可孵出雏鸡60余只,除自留少数外,其余均转售其他地区饲养。当地历来有育雏专业户(俗称“嘌小鸡”),将初生雏饲养十几天后出售,使雏鸡成活率大大提高。这些具有历史性的地方名产以及悠久的传统副业,对鹿苑鸡的品种形成和保存都起到一定的作用。

(二)外貌特征

体型高大,体质结实,胸部较深,背部平直。成年公鸡平均重3千克,母鸡平均重2千克,故有“鹿苑大鸡”之称。冠小而薄,肉垂、耳叶亦小。眼中等大,瞳孔黑色,虹膜呈粉红色,喙中等长、黄色,有的喙基部呈褐黑色。

全身羽毛黄色,紧贴体躯,且使腿羽显得比较丰满。颈羽、主翼羽和尾羽有黑色斑纹。公鸡羽毛色彩较浓,梳羽、蓑羽和小镰羽呈金黄色,大镰羽呈黑色,皆富有光泽。胫、趾黄色,两腿间距离较宽,无胫羽。雏鸡绒羽黄色。

(三)体重、体尺

成年鹿苑鸡体重和体尺测定结果见表2-8。

表2-8 成年鹿苑鸡体重和体尺测定结果

性别	体重(克)	体斜长(厘米)	胸宽(厘米)	胸深(厘米)	龙骨长(厘米)	骨盆宽(厘米)	胫长(厘米)
公鸡	3120 ±8.25	20.06 ±0.21	8.35 ±0.13	12.14 ±0.16	15.91 ±0.26	10.22 ±0.20	10.36 ±0.15
母鸡	2370 ±5.71	19.48 ±0.20	7.22 ±0.12	10.14 ±0.16	13.23 ±0.16	9.01 ±0.12	8.33 ±0.08

(四)产蛋性能

母鸡开产日龄(按产蛋率50%计算)为180天,开产体重为2千克左右。

据对112只母鸡的产蛋记录统计，年平均产蛋144.72(84～223)枚。平均蛋重为54.2克。蛋壳褐色。

(五)产肉性能

对鹿苑鸡生长期各阶段体重的测定结果见表2-9。

表2-9 鹿苑鸡生长期各阶段体重测定结果 (单位：克)

性别	初生重	30日龄	60日龄	90日龄	120日龄
公鸡	37.60	307.50±4.45	937.10±8.30	1475.20±16.80	1877.80±21.50
母鸡	37.00	307.50±4.45	786.90±8.20	1201.70±14.80	1581.30±23.10

当地习惯以体重约1.75千克的青年鸡作为食用，这阶段的肥美母鸡是煨制“叫化鸡”的原料。据张家港市食品公司畜禽良种场分别对3月龄和6月龄的鸡进行屠宰测定，其结果见表2-10。

表2-10 鹿苑鸡屠宰测定结果

月龄	性别	只数	平均体重(克)	半净膛屠宰率(%)	全净膛屠宰率(%)
3	公鸡	11	1649.25	84.94	77.28
	母鸡	15	1321.75	82.68	75.74
6	公鸡	9	2114.00	81.13	72.64
	母鸡	15	1725.00	82.57	73.01

鹿苑鸡的胴体美观，色黄，皮下脂肪丰富，肉质良好。

(六)繁殖性能

产区养鸡历来是分散饲养，每户养母鸡10余只，专养1只公鸡，放牧混养，采取自由配种方式，并在春秋两季由母鸡孵化、育雏。

在鸡群公、母配种比例1:15的情况下，采用人工孵化，种蛋的受精率为94.3%,受精蛋孵化率为87.23%。

母鸡就巢性较强,据对123只母鸡统计,有就巢鸡23只,占母鸡总数的18.7%。近年各鸡场通过选育,就巢率已有所下降。人工育雏时,30日龄育雏成活率在90%以上。

(七)饲养管理特点

1. 饲养方式 鹿苑鸡是蛋肉兼用型品种,既适合于笼养,也适合于放养,对饲养方式要求不严。

2. 抱窝性强 鹿苑鸡的抱窝性严重影响种鸡的产蛋量。因此,在饲养过程中应采取一些控制抱窝的措施。根据实践经验,鹿苑鸡在笼养的情况下,抱窝性大大降低。

(八)供种单位简介

江苏省家禽科学研究所1996年从张家港市引入该鸡进行保存,现已对育种鸡群进行了系统的选育,育成了邵伯草鸡的配套系,鹿苑鸡是配套系中的一个品系,在配套系中发挥了较好的作用。

五、武定鸡

(一)育成概况

武定鸡产于云南省武定县。武定县境内有三台山和拱王山盘踞,并有普渡河通过,地形复杂,立体气候明显,可分为山区和坝区两种生态环境,而武定鸡多分布在高寒和气候冷凉的山区。该地海拔为1 710.1米,年平均气温为15.2℃,年平均降水量为1 018.9毫米,年平均日照时数为2 321.1小时,无霜期为226.9天。山场辽阔,鸡可在村寨附近的山场树林中自由活动并获得充足的无机盐、动物性蛋白质和青绿饲料。当地农作物以玉米、荞麦、马铃薯为主，并以此作为猪的饲料，成年鸡白天不补饲，任鸡从猪食槽中自由采食，并在早晚视鸡的觅食量再补饲一定量的精料，雏鸡则多以碎玉米为基础饲料。

长期以来，武定彝族人民多以养鸡为主要副业，时逢佳节或走亲访友都以鸡作为佳肴和礼品，且当地人民对肉质要求也高，故不论公、母鸡皆行阉割以改善肉质。此外，山区村寨还恪守“只能向外卖鸡，不能从外买鸡”的乡规民约，使鸡群长期处于自繁自养的封闭状态，从而形成了武定鸡的优良特征和特性。

（二）外貌特征

武定鸡体型高大，骨骼粗壮，腿粗，胫较长，肌肉发达，体躯宽而深，头尾昂扬，步态有力，由于全身羽毛较蓬松，更显得粗大。

公鸡羽毛多呈赤红色，有光泽。而母鸡的翼羽、尾羽全黑，体躯、其他部分则披有新月形条纹的花白羽毛，单冠，红色、直立、前小后大，冠齿为7~9个。喙黑色，虹膜以橘红色最多，黄褐色次之。耳叶、肉垂皆红色。胫与喙的颜色一致，多数有胫羽和趾羽，群众称之为“穿套裤子鸡”，皮肤白色。

（三）体重、体尺

据云南省畜牧局和云南农业大学测定，武定鸡的体重和体尺见表2-11。

表2-11　成年武定鸡的体重和体尺测定结果

性别	体重(克)	体斜长(厘米)	胸宽(厘米)	胸深(厘米)	龙骨长(厘米)	骨盆宽(厘米)	胫长(厘米)
公鸡	3050 ±78.36	25.50 ±0.12	8.40 ±0.13	12.95 ±0.11	13.59 ±0.08	7.90 ±0.13	14.98 ±0.11

续表 2-11

性别	体重(克)	体斜长(厘米)	胸宽(厘米)	胸深(厘米)	龙骨长(厘米)	骨盆宽(厘米)	胫长(厘米)
母鸡	2100 ±69.06	21.40 ±0.10	8.00 ±0.10	11.85 ±0.11	11.00 ±0.06	8.00 ±0.10	10.00 ±0.09

(四)产蛋性能

6月龄以后开产，一般产蛋14~16枚即就巢，年就巢4~6次，每次6~20天，有的达1月之久，影响产蛋量。年产蛋90~130枚。平均蛋重为50克。蛋壳浅褐色。蛋形指数为1.27。

(五)产肉性能

武定鸡虽体型高大，但生长缓慢，达到成年体重的育成期甚长。据调查，3月龄鸡500~600克，6月龄1.5千克左右。

武定鸡属慢羽型，一般长到4~5个月，体重达1千克左右时才出现尾羽。在此之前，胸、背和腹部的皮肤常常裸露在外，俗称“光秃秃鸡”。

公鸡除留种以外，一般在3月龄均予阉割。以后饲养5~7个月，再强制肥育1~2个月后屠宰，此时体重虽可达4~5千克，但饲养期长达9~12个月。母鸡一般在性成熟前体重800~900克时进行阉割。另一种情况是老母鸡因产蛋量下降、就巢频繁、利用价值降低时进行阉割。阉母鸡的外形与阉割不完全的公鸡相似，肥育后期能像公鸡一样啼鸣，阉割后的羽毛也从雌性羽换成雄性羽(由圆变尖)，色泽更加鲜艳。

阉割后的鸡，不论公、母，肉质都比较肥嫩，味更鲜美。当年阉割后，当羽毛换成阉鸡毛时即可上市。有的鸡养到第二年换羽后再肥育。

据云南农业大学对产区阉鸡进行屠宰测定，其结果见表2-12。

表 2-12　武定鸡屠宰测定结果

性 别	体重(克)	半净膛屠宰率(%)	全净膛屠宰率(%)
5 月龄阉公鸡	1600	85.0	77.0
成年阉母鸡	3100	85.4	80.7

(六)繁殖性能

武定鸡历来放牧混养,采取自由配种方式。公鸡成熟较迟,6 月龄以后开啼配种。

(七)饲养管理特点

1. 具有抗寒性　武定鸡适应在高寒和气候冷凉的地区饲养,在炎热地区饲养应降低舍内的温度,鸡舍的屋顶应有隔热层,特别是在夏天,应采取防暑降温措施。

2. 易于肥育　武定鸡肉质好,适用于做阉鸡,肥育的方法是用木条做成笼,限制其运动,喂以煮熟的大米饭团或玉米面团。

(八)供种单位简介

武定鸡的保种工作主要由云南省武定县近城镇和猫街镇的种鸡场承担。云南农业大学也保存有武定鸡的品系,并进行了一些选育工作。

六、浦 东 鸡

(一)育成概况

浦东鸡因原产上海市黄浦江以东而得名。因该鸡体大,外貌多黄羽、黄喙、黄脚,群众又称它为“九斤黄”。浦东鸡的形成已有

100余年历史。浦东沿海，滩涂宽广，虽在长江下游以南，但以玉米、大豆等杂粮生产为主，加上鱼、虾、蚬等动物性蛋白饲料丰富，农户居住分散，习惯放养家禽，促使发展以养鸡为主的家庭副业；养成选大蛋、大鸡的习惯，并采用天然孵化繁殖的方法。这样长年累月地选择，形成了浦东鸡体大、蛋大的独特性能。

（二）外貌特征

浦东鸡体型较大，呈三角形，偏重产肉，为国内大型鸡种之一。初生雏绒羽多呈黄色，少数头、背部有条状褐色或灰色绒羽带。公鸡羽色有黄胸黄背、红胸红背和黑胸红背三种。母鸡全身黄色，有深浅之分，羽片端部或边缘常有黑色斑点，因而形成深麻色或浅麻色。颈羽、主翼羽及尾羽有时黑色。公鸡主翼羽和副翼羽多呈部分黑色，腹翼羽金黄色或带黑色；母鸡主翼羽及副翼羽黄色，但腹翼羽杂有褐色斑点。有时主翼羽呈黑色或部分黑色。公鸡尾羽、镰羽上翘，与地面呈45°角，黑色并带有墨绿色光泽；母鸡尾羽短，稍向上，主尾羽不发达。

（三）体重、体尺

据南汇区浦东鸡良种场测定，浦东鸡的体重和体尺测定结果见表2-13。

表2-13 成年浦东鸡的体重和体尺测定结果

性别	体重（克）	体斜长（厘米）	胸深（厘米）	龙骨长（厘米）	骨盆宽（厘米）	胫长（厘米）
公鸡	3550	21.25	14.97	14.56	9.93	14.22
母鸡	2840	18.36	13.37	12.32	7.49	11.72

(四)产蛋性能

浦东鸡平均开产日龄为208天,最早为150天,最迟为294天。根据个体产蛋记录整理,年产蛋平均为130枚,最高为216枚,最低为86枚。3~5月份产蛋较多,约占全年产蛋量的40%。平均蛋重为57.9克。蛋壳浅褐色,壳质致密,结构良好。

(五)产肉性能

浦东鸡早期生长速度不快,2月龄后生长速度加快。早期长羽较缓慢,特别是公鸡,通常需经3~4月龄全身羽毛才长齐。据对5 406只雏鸡生长期各阶段体重的测定,其结果见表2-14。

表2-14 浦东鸡生长期各阶段体重测定结果 (单位:克)

性别	初生重	30日龄	60日龄	90日龄	180日龄
公鸡	36.4	250.0	767.5	1600.0	3346.0
母鸡	36.4	250.0	678.5	1250.0	2213.0

浦东鸡皮肤黄色,皮下脂肪较多,肉质优良。公鸡阉割后饲养10个月,体重可达5~7千克。据对12月龄浦东鸡进行屠宰测定,其结果见表2-15。

表2-15 浦东鸡屠宰测定结果

性别	半净膛屠宰率(%)	全净膛屠宰率(%)
公鸡	85.11	80.06
母鸡	84.76	77.32

(六)繁殖性能

大群饲养的公、母配种比例为1:10;春秋繁殖季节,小群短期配种比例为1:17。大群种蛋受精率平均为93.2%,最高为3月份,可达95%。受精蛋孵化率为82.7%。就巢性强。一般就巢持续期约15天,短的为7天,长的可达30天。

据南汇区浦东鸡良种场8批共5406只的育雏记录,平均成活率达97.2%。

(七)饲养管理特点

1.限制饲喂 浦东鸡生长速度快,饲养种鸡时,育成期及产蛋期要进行限制饲喂,限制料的数量和质量,有利于提高种鸡的产蛋量。

2.增加光照 浦东鸡产蛋量低,在开产前,必须增加光照时数,产蛋高峰每天应有16小时光照(自然光照加人工光照)。

(八)供种单位简介

浦东鸡主要由上海市浦东鸡良种场承担保种工作,该单位对浦东鸡进行了系统的保种选育,该鸡种在地方鸡种中是快大型的鸡种。生长速度还次于国外引进鸡种。目前以保种为主,尚未进行大规模的开发。

七、桃源鸡

(一)育成概况

桃源鸡产于湖南省桃源县一带。桃源县环境适宜,饲料资源丰富,且山坡闲地较多,是放养家禽的良好场所。一般农户每家养鸡20~30只,并有选养大种鸡和出让种蛋的传统习俗。由于当地优越的自然环境条件,经过较长期的人为选择,因而逐步形成现今体高、个大的地方鸡种。

(二)外貌特征

桃源鸡体型高大,体质结实,羽毛蓬松,体躯稍长、呈长方形。公鸡姿态雄伟,性勇猛好斗,头颈高昂,尾羽上翘,侧视呈U字形。母鸡体稍高,性温驯,活泼好动,背较长而平直,后躯深圆,近似方形。

公鸡头部大小适中,母鸡头部清秀。单冠,冠齿为7~8个,公鸡冠直立,母鸡冠倒向一侧。耳叶、肉垂鲜红,较发达。眼大微凹陷,虹膜呈金黄色。颈稍长,胸廓发育良好。尾羽长出较迟,未长齐时尾部呈半圆佛手状,长齐后尾羽上翘。公鸡镰羽发达,向上展开。母鸡腹部丰满。腿高,胫长而粗。

公鸡体羽呈金黄色或红色,主翼羽和尾羽呈黑色,梳羽金黄色或间有黑斑。母鸡羽色有黄色和麻色两个类型,黄羽型的背羽呈黄色,颈羽呈麻黄色;麻羽型体羽麻色。黄、麻两型的主翼羽和尾羽均呈黑色,腹羽均呈黄色。喙、胫呈青灰色,皮肤白色。

(三)体重、体尺

据产区调查和测定,成年桃源鸡的体重和体尺测定结果见表2-16。

表2-16 成年桃源鸡的体重和体尺测定结果

性别	体重(克)	体斜长(厘米)	胸宽(厘米)	胸深(厘米)	龙骨长(厘米)	骨盆宽(厘米)	胫长(厘米)
公鸡	3342 ±63.27	30.11 ±0.19	9.74 ±0.25	11.43 ±0.39	13.94 ±0.20	11.53 ±0.19	13.70 ±0.31
母鸡	2940 ±40.45	26.11 ±0.13	8.14 ±0.10	10.56 ±0.11	11.06 ±0.08	9.59 ±0.08	11.17 ±0.26

(四)产蛋性能

桃源鸡的开产日龄平均为195天。产蛋量较低。据观察统计,500日龄的平均产蛋量为86.18±48.57枚。平均蛋重为53.39克。蛋壳浅褐色。蛋形指数为1.32。

(五)产肉性能

桃源鸡生长较慢,尤其是早期生长发育缓慢。其生长期各阶段体重测定结果见表2-17。

表2-17 桃源鸡生长期各阶段体重测定结果 (单位:克)

性别	初生重	28日龄	56日龄	91日龄	168日龄
公鸡	41.92	192.66	481.75	1093.45	2387.00
母鸡	41.92	192.66	481.75	862.00	1833.06

雏鸡长羽速度迟缓,出壳后绒羽较稀。主、副翼羽一般要3周龄才能全部长出,成年羽的生长也很慢,所以在育成阶段中常表现为光背、裸腹、秃尾和胸部袒露。

据对24周龄鸡的屠宰测定,其结果见表2-18。桃源鸡肉质细嫩,肉味鲜美。

表2-18 桃源鸡屠宰测定结果

性别	半净膛屠宰率(%)	全净膛屠宰率(%)
公鸡	84.90	75.90
母鸡	82.06	73.56

(六)繁殖性能

公、母配种比例一般为1∶10~12,种蛋受精率为83.83%,受精蛋孵化率为 83.81%。母鸡就巢性一般每年 1～2 次，约经 15 天左右醒抱复产。在放牧饲养条件下，4 周龄育雏率为 75.66%，育成期(5～32 周龄)成活率为 95.8%，产蛋期(33～72 周龄)存活率为 94.39%。

(七)饲养管理特点

1. 限制饲喂　桃源鸡胸肌发达，因此，饲养桃源鸡种鸡时，特别在育成期要进行限制饲喂，产蛋期给予适当的喂量，严格按饲养标准施行。

2. 增加光照　桃源鸡性成熟较晚，在开产前以及产蛋期应给予合理的光照管理，产蛋高峰期光照时数不应低于 16 小时(自然光照加人工光照)。

(八)供种单位简介

湖南省桃源县青林乡古堤村桃源鸡种鸡场，详见附录。

八、惠阳胡须鸡

(一)育成概况

惠阳胡须鸡原产于广东省惠阳地区。主产区多属丘陵或半丘陵地带，气候温暖(年平均气温为 21℃左右)，雨水充沛，年降水量为 1 600 毫米以上。农作物有水稻、甘薯、木薯、小麦、花生、大豆、豌豆和芝麻等。建国前，因水利失修，经常洪水泛滥，大量土地荒芜，形成大片草地或灌木林地，食饵丰富，为农家养鸡提供了有利的放牧条件。产区地处广州、香港地区两大消费城市之间，对活鸡的需求量大，质优则价高，刺激了产区的养鸡肥育技术和贩鸡业的发展。香港市场的消费者在强调鸡的烹调方法(白切鸡、盐焗鸡)

的条件下，对鸡肉的风味、骨骼的软硬度、脂肪的分布都有独特的要求，这对品种的选育有较大的影响。20世纪60年代，商业和外贸部门在产区建立繁殖场，并采取奖售政策，促进了该品种的发展。广东省农业科学院畜牧兽医研究所从1975年开始进行纯种选育工作，对进一步提高该鸡种的质量起到了一定的作用。

（二）外貌特征

惠阳胡须鸡属中型肉用品种，体质结实，头大颈粗，胸深背宽，胸肌发达，胸角一般在60°以上。后躯丰满，体躯呈葫芦瓜形。

惠阳胡须鸡的标准特征为下颌发达，具张开的胡须状髯羽，无肉垂或仅有一些痕迹。雏鸡全身浅黄色、喙黄、脚黄（三黄）。无胫羽，颔下有明显的胡须。

公鸡单冠直立，冠齿为6～7个。喙粗短而黄。虹膜橙黄色。耳叶红色。梳羽、蓑羽和镰羽金黄色而富有光泽。背部羽毛枣红色，分有主尾羽和无主尾羽两种。主尾羽多呈黄色，但也有些内侧呈黑色，腹部羽色比背部稍淡。

母鸡单冠直立，冠齿一般为6～8个。喙黄，眼大有神，虹膜橙黄色，耳叶红色，全身羽毛黄色，主翼羽和尾羽有些黑色。尾羽不发达。脚黄色。

（三）体重、体尺

据广东省农业科学院畜牧兽医研究所对成年惠阳胡须鸡体重和体尺的测定，其结果见表2-19。

表 2-19　成年惠阳胡须鸡的体重和体尺测定结果

性别	体重（克）	体斜长（厘米）	胸宽（厘米）	胸深（厘米）	龙骨长（厘米）	胫长（厘米）
公鸡	2228.40 ±38.78	22.90 ±0.41	8.30 ±0.08	10.70 ±0.27	12.60 ±0.48	10.70 ±0.39
母鸡	1601.00 ±31.20	20.10 ±0.13	6.96 ±0.08	9.60 ±0.12	10.50 ±0.10	8.60 ±0.06

（四）产蛋性能

惠阳胡须鸡的产蛋性能受当地环境气温、日粮蛋白质、能量水平、饲养方式、就巢性强及腹脂多的影响。因此，即使在较好的条件下，全年平均产蛋率也仅在 28%左右。在农家以稻谷为主、结合自由放养、并以母鸡自然孵化与育雏的饲养方式下，其年平均产蛋只有 45～55 枚。在改善饲养管理条件下，年平均产蛋可达 108 枚。平均蛋重为 45.8 克。蛋壳主要呈浅褐色。蛋壳厚为 0.3 毫米。蛋形指数为 1.30。

（五）产肉性能

惠阳胡须鸡初生雏平均重为 31.6 克；5 周龄公、母鸡平均重为 250 克；12 周龄公鸡平均重为 1 140 克，母鸡平均重为 845 克；15 周龄公鸡平均重为 1 410 克，母鸡平均重为 1 015 克。至 15 周龄，每千克增重耗料 3.8 千克。其生长最大强度出现在 8～15 周龄，8 周龄前生长速度较慢。

本品种属慢羽品种。60 日龄前，羽毛生长很慢，一般要 100 日龄羽毛才丰满。公鸡比母鸡的羽毛生长要慢 10～20 天。

惠阳胡须鸡肥育性能良好，脂肪沉积能力强。在农家放牧饲养的仔母鸡，开产前体重达 1～1.2 千克时，再经 12～15 天笼饲肥育，可净增重350～400克。此时皮薄骨软、脂丰肉满，即可上市。据屠宰测定，其结果见表2-20。

表2-20 惠阳胡须鸡屠宰测定结果

性 别	体重(克)	半净膛屠宰率(%)	全净膛屠宰率(%)
项鸡*	1647	84.8	75.6
120日龄公鸡	1683	86.6	81.2
150日龄母鸡	1815	87.5	78.7

* 为临开产前的母鸡

(六)繁殖性能

公鸡性成熟早，最早的3周龄会啼叫，但一般要3月龄才有交配行为。平均开产日龄为150天。据个体记录资料，最早115天，最迟为200天。一般公、母配种比例为1∶10～12。平均种蛋受精率为88.6%，受精蛋孵化率为84.6%。

惠阳胡须鸡的就巢性特别强。据记录资料，平均每只母鸡年就巢为14.2次，最高达18.5次，每次停蛋期平均为15.8天。育雏率普遍在95%以上。

(七)饲养管理特点

1. 适于放养 惠阳胡须鸡体型较小，活动能力好，觅食能力强，可在山区草地进行放养。

2. 抱窝性强 惠阳胡须鸡生活力强，适宜自繁自养。因其抱窝性强，为了提高惠阳胡须鸡的种用价值，在饲养种鸡时应采取一些醒抱措施。

(八)供种单位简介

广东省惠州市惠阳种鸡场对惠阳胡须鸡进行了开发，产品的出售主要是以原种鸡的方式进入市场。尚未形成配套系。

九、清远麻鸡

(一)育成概况

清远麻鸡产于广东省清远市一带。产区水陆交通方便,气候温和,雨量充沛,属亚热带气候。土地比较肥沃,经济较富裕,有农、林、牧、副、渔全面发展的自然条件,养禽业发达,素有“三鸟之乡”(三鸟指鸡、鸭、鹅)之称。养禽业占畜牧业总产值的38.4%。

产区农作物以水稻、大麦、小麦、玉米、木薯、甘薯、花生和大豆为主,为养鸡提供了主要饲料源。产区内山岗丘陵甚多,青竹成荫,灌木成林,四季常青,昆虫较多。此外,还有大量河涌、水川,盛产鱼、虾、螺、蚬之类及其副产品,天然食饵丰富,为养鸡提供了较多的动物性蛋白质饲料。清远麻鸡就是在这样良好的自然条件下,早在宋代便为清远劳动人民所喜爱,并经长期民间饲养选育而成的。清远麻鸡的饲养历史悠久,质量优良,早已畅销于广东省和港、澳地区。建国后,清远麻鸡得到进一步发展,大量出口。1973年在香港市场中曾跃居活鸡售价之冠,深受消费者欢迎。

(二)外貌特征

清远麻鸡体型特征可概括为“一楔”、“二细”、“三麻身”。一楔指母鸡体型像楔形,前躯紧凑,后躯圆大;二细指头细、脚细;三麻身指母鸡背羽面主要有麻黄、麻棕、麻褐三种颜色。公鸡体质结实灵活,结构匀称,属肉用体型。

出壳雏鸡背部绒羽为灰棕色,两侧各有一条约4毫米宽的白色绒羽带,直至第一次换羽后才消失,这是清远麻鸡雏鸡的独特标志。

公鸡头大小适中,单冠直立,颜色鲜红,冠齿5~6个。肉垂、耳叶鲜红。虹膜橙黄色。喙黄,颈部长短适中,头颈、背部的羽金黄色,胸羽、腹羽、尾羽及主翼羽黑色,肩羽、蓑羽枣红色。脚短而黄。

母鸡头细小,单冠直立,冠中等,冠齿 5~6 个,冠、耳叶呈鲜红色。喙黄而短。虹膜橙黄色。颈长短适中,头部和颈前 1/3 的羽毛呈深黄色。背部羽毛分黄、棕、褐三色,有黑色斑点,形成麻黄、麻棕、麻褐三种颜色。据调查统计,麻黄占 34.5%,麻棕占 43%,麻褐占 11.2%,余下为其他色,其中以麻黄、麻棕两色居多。主、副翼羽的内侧呈黑色,外侧呈麻斑,由前至后变淡而麻点逐渐消失。胫趾短细、呈黄色。

(三)体重、体尺

据广东省农业科学院畜牧兽医研究所测定,清远麻鸡的体重和体尺见表 2-21。

表 2-21 清远麻鸡体重和体尺测定结果

性别		体重(克)	体斜长(厘米)	胸围(厘米)	胸深(厘米)	龙骨长(厘米)	骨盆宽(厘米)	胫长(厘米)	胫围(厘米)
公鸡	平均	2180	20.8	30.8	9.4	12.5	8.2	8.1	4.7
	范围	1700~2850	18.2~23.5	27.5~36.4	7.8~12.0	10.5~14.0	7.3~10.1	7.3~9.0	4.0~6.0
母鸡	平均	1750	18.0	28.9	8.6	10.1	7.7	6.6	3.7
	范围	1350~2500	15.0~21.0	24.5~34.0	6.5~11.0	8.0~12.0	5.2~9.7	5.5~8.0	3.3~4.4

(四)产蛋性能

清远麻鸡在农家饲养自然孵化条件下,年产蛋 4~5 窝,每窝为12~15枚,少则8~10枚,年产蛋量为70~80枚。蛋重平均为46.6克。蛋壳浅褐色。蛋形指数为1.31。

(五)产肉性能

农家饲养以放牧为主,在天然食饵较丰富的条件下,其生长较快,120日龄公鸡体重为1.25千克,母鸡为1千克,但一般要到180日龄才能达到上市的体重。

在雏鸡饲料含粗蛋白质20.9%、代谢能为11.29兆焦/千克,中鸡饲料含粗蛋白质17.7%、代谢能为11.31兆焦/千克,及其他营养较合理的条件下,生长速度有所提高,公、母鸡平均体重35日龄可达309克,84日龄可达951克,105日龄可达1 157克。

羽毛生长速度个体间有差异,一般母鸡在80日龄时羽毛已丰满,公鸡则要延至95日龄以上。公鸡羽毛生长速度较母鸡慢10~25天。

清远麻鸡肥育性能良好,屠宰率高。6月龄开产前的仔母鸡体重在1.3千克以上,经15天肥育增重250克。据测定,未经肥育的仔母鸡半净膛屠宰率平均为85%,全净膛屠宰率平均为75.5%;阉公鸡半净膛屠宰率为83.7%,全净膛屠宰率76.7%。肥育方法多采用暗室笼养。

(六)繁殖性能

性成熟较早,在农家饲养条件下,公鸡4月龄就有性行为,母鸡5~7月龄开产。公鸡配种能力较强,公、母配种比例为1:13~15。在农村放牧饲养的种蛋受精率在90%以上。用自然孵化,每窝蛋12~15枚,孵化率为80%左右。人工孵化受精蛋孵化率平均为83.6%。

清远麻鸡就巢性强,每产1窝蛋就巢1次,每次约20天,醒巢后6~10天才开始产蛋。如用人工催醒,可大大缩短就巢时间。

农家均采用自然育雏方法,育成率一般较低;人工育雏,30日龄育雏率达93.6%。

(七)饲养管理特点

1. 饲养方式 清远麻鸡体型小,觅食能力强,既适合笼养,也宜放养。在某种程度上,放养的效果优于笼养。

2. 注意补饲 清远麻鸡虽能从室外觅食虫子、野草等食物,但还不能满足生长发育的需要,因此,在早晚还应补充一些全价饲料。

(八)供种单位简介

清远麻鸡的保种、育种工作主要由清远种鸡场承担,目前该鸡场已得到农业部的投资,饲养种鸡近10万只。

十、杏花鸡

(一)育成概况

杏花鸡产于广东省封开县一带。封开县位于广东西部,属多山地区。土壤多为沙质土,地势较高。除种植水稻、玉米、小麦、蚕豆、花生、甘薯和木薯等粮食作物外,还利用丘陵山坡、村旁、溪边种植果树,为发展当地养鸡业提供了饲料来源和放养的良好自然环境。

由于杏花鸡胸肌丰满,肌肉纤细,皮薄而皮下脂肪分布均匀,适宜烹制白切鸡,成品皮色带有光泽,爽脆可口(所谓“玻璃皮”),符合广东、广西地区要求食品鲜美、强调原味的消费习惯,颇受消费者欢迎。早在1919年就已远销香港,当时售价比一般鸡高三成以上,这对定向培育优质的肉用型杏花鸡起了一定的促进作用。

杏花乡地处山区腹地,建国前交通极为不便,很少引入外来鸡种。加之当地群众历史上习惯饲养三黄(黄喙、黄羽、黄脚)鸡,经长期选育,形成了外貌特征一致、遗传力较稳定的优良地方肉用品种。

(二)外貌特征

杏花鸡体质结实,结构匀称,被毛紧凑,前躯窄,后躯宽。其体型特征可概括为两细(头细、脚细)、三黄和三短(颈短、体躯短、脚短)。

雏鸡以“三黄”为主,全身绒羽淡黄色。

公鸡头大,冠大直立,冠、耳叶及肉垂鲜红色。虹膜橙黄色。羽毛黄色略带红色,主翼羽和尾羽有黑色。脚黄色。

母鸡头小,喙短而黄。单冠,冠、耳叶及肉垂红色。虹膜橙黄色。体羽黄色或浅黄色,颈基部羽多有黑斑点(称为“芝麻点”),形似项链。主、副翼羽的内侧多呈黑色,尾羽多数有几根黑羽。

(三)体重、体尺

杏花鸡未经系统选育,产区的鸡大小不一。据广东省农业科学院畜牧兽医研究所测定,其成年鸡的体重和体尺见表2-22。

表2-22 成年杏花鸡的体重和体尺测定结果

性别	体重(克)	体斜长(厘米)	胸围(厘米)	胸深(厘米)	龙骨长(厘米)	骨盆宽(厘米)	胫长(厘米)	胫围(厘米)
公鸡	1950 (1500~2900)	20.7 (17.5~25.0)	31.9 (28.0~38.0)	9.5 (7.4~13.6)	11.6 (8.0~13.5)	7.3 (6.0~10.2)	7.3 (5.5~9.4)	4.5 (3.9~5.0)

续表 2-22

性别	体重（克）	体斜长（厘米）	胸围（厘米）	胸深（厘米）	龙骨长（厘米）	骨盆宽（厘米）	胫长（厘米）	胫围（厘米）
母鸡	1590（1000~2700）	17.4（14.1~19.0）	28.9（24.0~34.0）	8.5（6.3~11.0）	9.5（7.3~12.0）	7.3（5.3~9.1）	6.1（4.6~7.8）	3.7（3.0~4.7）

(四)产蛋性能

杏花鸡性成熟早，公鸡 60 日龄有 20% 开啼，80 日龄性征明显，但一般在 150 日龄开始利用。母鸡在 150 日龄时有 30% 开产。在农村放养和自然孵化条件下，年产蛋量为 4～5 窝，共 60～90 枚。在群养及人工催醒的条件下，年平均产蛋量为 95 枚。蛋重为 45 克左右。蛋壳褐色。

(五)产肉性能

农家以放养为主，整天觅食天然食饵，只在傍晚归牧后饲以糠拌稀饭，因此，杏花鸡早期生长缓慢。在用配合饲料条件下，据测定，112 日龄公鸡的平均体重为 1 256.1 克，母鸡的平均体重为 1 032.7克。未开产的母鸡，一般养至 5～6 月龄，体重 1～1.2 千克，经 10～15 天肥育，体重可增至 1.15～1.3 千克。

杏花鸡羽毛生长速度较快，3 日龄的雏鸡开始长主翼羽，羽长达 0.5～1.5 厘米，20 日龄开始长主尾羽，40 日龄身体各部分羽毛都开始生长，60 日龄全部长齐，羽毛丰满。母鸡长羽比公鸡快 10 天以上。

据 112 日龄鸡的屠宰测定，半净膛屠宰率，公鸡为 79%，母鸡为 76%；全净膛屠宰率，公鸡为 74.7%，母鸡为 70%。皮肤多为淡黄色。因皮薄且有皮下脂肪，故细腻光滑，加之肌间脂肪分布均匀，肉质特优，适宜做白切鸡。

据华南农学院畜牧兽医系和广东省家禽科学研究所用同批次不同周龄的鸡做胸肌定点测定，结果证明杏花鸡不同生长阶段的肌纤维直径都比石岐杂鸡纤细。其结果见表2-23。

表2-23 杏花鸡与石岐杂鸡胸肌肌纤维比较结果

性别	周龄	胸肌肌纤维直径(微米)	
		杏花鸡	石岐杂鸡
公鸡	8	23.18±1.84	26.05±0.90
	10	23.95±1.62	28.80±1.35
	12	28.45±2.84	31.15±1.66
	14	30.45±3.35	35.05±1.07
	16	33.70±5.65	40.90±1.90
母鸡	8	22.88±0.21	26.15±0.30
	10	23.45±1.73	25.05±1.65
	12	25.50±2.47	27.90±1.73
	14	29.05±1.88	33.70±2.45
	16	30.80±0.31	37.85±1.39

(六)繁殖性能

公、母鸡配种比例，农家放养的为1:15，种蛋受精率为90%以上；群养的为1:13～15，种蛋受精率为90.8%，受精蛋孵化率为74%。杏花鸡就巢性强。30日龄的育雏率在90%左右。

(七)饲养管理特点

1. 适于放养 杏花鸡体型小，觅食能力强，在产地都是以放养的方式进行饲养，该鸡种适于规模化放养。

2. 就巢性强 杏花鸡就巢性强,对产蛋具有较大的影响。因此,对杏花鸡种鸡必须采取一些醒抱措施,以提高种鸡的产蛋率。

(八)供种单位简介

杏花鸡的保种主要是采用保种区的方式进行保种,在产地饲养几万只种鸡的个体户较多,杏花鸡的供种工作主要由广东省封开县畜牧局承担。

十一、霞 烟 鸡

(一)育成概况

霞烟鸡原产于广西壮族自治区容县。霞烟鸡的形成有两种说法,根据其邻近地区鸡种情况,两者实有相辅相成的可能。首先,约50多年前,此地曾有人自梧州引入外来鸡种,估计是横斑洛克,因其体型较大与当地黄鸡杂交,后代体型与生产性能均有所提高,以后杂种间反复杂交,再加上人为的选择,逐步形成体型大于当地鸡种的黄鸡,因为其公鸡羽色比其他当地黄鸡都浅些,有的公鸡还隐约看到带有极浅的横斑羽纹,而骨骼也比当地黄鸡略粗,胸角也较宽。其次是当地在建国前,祭神时有比赛大鸡的风俗习惯,胜者以此为荣,所以,当地大姓家族每年选出肥大的赛鸡以光耀门楣,无形中也推动了此鸡种进一步向硕大体型发展。

容县一带为红壤土山丘陵地区,农作物以水稻、木薯、甘薯为主。这种自然环境条件与邻近各县并无差异之处,也找不出有根据的特殊生态条件。因此,霞烟鸡主要是通过外来鸡种的杂交与人为的选择而形成的。

(二)外貌特征

霞烟鸡体躯短圆,腹部丰满,胸宽、胸深与骨盆宽三者长度相近,整个外形呈方形,属肉用类型。

雏鸡的绒羽以深黄色为主,喙黄色,胫黄色或白色。成年鸡头部较大。单冠,肉垂、耳叶均鲜红色。虹膜橘红色。喙基部深褐色,喙尖浅黄色。颈部显得粗短,羽毛略为疏松。骨骼粗。皮肤白色或黄色。

公鸡羽毛黄红色。梳羽颜色较胸背羽为深,主、副翼羽带黑斑或白斑,有些公鸡蓑羽和镰羽有极浅的横斑纹,尾羽不发达。性成熟的公鸡腹部皮肤多呈红色。

母鸡羽毛黄色。背平、胸宽,龙骨略短,腹部丰满。临近开产的母鸡,耻骨与龙骨末端之间已能并容3指,也是该鸡种的重要特征。

(三)体重、体尺

据广西壮族自治区容县农业局在产区种鸡场测定,成年霞烟鸡的体重和体尺见表2-24。

表2-24　成年霞烟鸡的体重和体尺测定结果

性别	体重(克)	体斜长(厘米)	胸宽(厘米)	胸深(厘米)	龙骨长(厘米)	骨盆宽(厘米)	胫长(厘米)
公鸡	2178.00 ±45.69	19.73 ±0.55	9.10 ±0.11	9.49 ±0.17	11.12 ±0.11	11.41 ±0.18	10.81 ±0.09
母鸡	1915.00 ±18.25	17.69 ±0.07	7.90 ±0.04	8.59 ±0.06	9.53 ±0.05	8.62 ±0.04	8.79 ±0.03

(四)产蛋性能

在正常饲养条件下,母鸡170～180日龄开始产蛋。农家饲养的一般年产蛋量为80枚;经选育的鸡群,年产蛋量为110枚左右。平均蛋重为43.6克。蛋壳浅褐色。蛋形指数为1.33。

(五)产肉性能

在集约饲养条件下,60日龄前按每千克配合饲料含粗蛋白质18%~20%、60日龄后含粗蛋白质14%的饲料喂养,其生长速度见表2-25。

表2-25 霞烟鸡生长期各阶段体重测定结果 (单位:克)

性别	初生重	30日龄	60日龄	90日龄	120日龄	150日龄
公鸡	29.0	191.8	536.0	922.0	1281.0	1595.0
母鸡	29.0	171.4	444.0	776.0	1098.0	1293.0

据广西壮族自治区容县种鸡场对6月龄霞烟鸡进行屠宰测定,其结果见表2-26。

表2-26 6月龄霞烟鸡屠宰测定结果

性别	体重(克)	半净膛屠宰率(%)	全净膛屠宰率(%)
公鸡	1780	82.40	69.19
母鸡	1695	87.89	81.16
阉割鸡	2331	84.81	74.79

霞烟鸡的肉质好,肉味鲜,与肌间沉积脂肪有关,皮下沉积的脂肪,可使烹调白切肉块鲜滑,特别是经过肥育的项鸡肌脂丰满,胴体美观,肉质嫩滑,深受消费者欢迎。

(六)繁殖性能

霞烟鸡由于个体较大,一般公、母配种比例为1:8~10,种蛋受精率为78.46%,受精蛋孵化率为80.5%。霞烟鸡就巢性强,据观察,母鸡就巢每年可达8~10次之多,但不予就巢时,4~6天即可停止。据对3个饲养场统计,30日龄的育雏率为89.5%。

(七)饲养管理特点

1. 饲养方式　霞烟鸡在地方品种中,是一个中等偏大的鸡种,活动力不及小型鸡种。因此,饲养方式主要以笼养为佳。

2. 限喂　霞烟鸡体脂容易沉积。因此,在饲养种鸡时,对育成鸡必须进行限制饲喂,限喂的方法是控制饲料的数量和质量。

(八)供种单位简介

霞烟鸡的保种主要是广西壮族自治区容县石寨种鸡场承担,目前该鸡场已对霞烟鸡种进行了选育,并进行了开发。

十二、河田鸡

(一)育成概况

河田鸡产于福建省长汀县。产地属中亚热带农业气候区,雨水充沛,无霜期长达300天。农作物有水稻、甘薯、小麦、油菜、蚕豆与豌豆等,农副产品较为丰富。农民长期以来喜爱养鸡,并成为这一地区的主要副业。

产区群众养鸡,多采用放养形式,不仅在村内放养,而且还把鸡种、童鸡挑到自己种植的田间、山边放养,鸡只终日活动觅食,并随着劳动地点的转移,更换放牧场所。仅在晚间补喂些精料。

该地区丘陵高山交错,交通极不方便,外来鸡只极少输入,而当地采用母鸡孵育,形成长期自繁自养的习惯,大大有利于本品种的纯化,故外貌比较一致,但生产性能较低。

当地群众也积累了一套养鸡技术,凡不做种用的童公鸡,多施行阉割，与部分母鸡在屠宰或出售前，采用糠饭混拌填肥，有的在屋旁挖个土洞，一洞置一鸡，亦有用竹笼、木笼关养鸡只，糠饭任其采食，进行短期囤肥后，鸡只膘肥体大肉质好，肥嫩适口，脂肪积贮较多。河田鸡之有名，实与这种肥育方法有一定关系。

（二）外貌特征

河田鸡颈粗，躯短，胸宽，背阔，胫中等长，体近方形，属肉用类型。虽有“大架子”（大型）与“小架子”（小型）之分，但大架子鸡较少，多数是小架子鸡，两者体型外貌相同，仅有体重、体尺大小之别。大架子鸡羽毛着生慢，性成熟也比小架子鸡迟1个月左右。

雏鸡的绒羽均深黄色，喙、胫均黄色，冠型为直立的单冠，冠叶后部已有分裂呈叉状特征。成年鸡外貌较一致，主要特征为冠叶后部分裂呈叉状冠尾。皮肤与肉白色或黄色，胫黄色。

公鸡单冠直立，冠齿约5个，冠叶前部为单片，后部则分裂呈叉状冠尾，色鲜红。颜面红色，无明显皱纹。耳叶椭圆形，红色。喙基部褐色，喙尖呈浅黄色。头部梳羽呈浅褐色，背、胸、腹羽呈浅黄色，蓑羽呈鲜艳的浅黄色，尾羽、镰羽黑色有光泽，但镰羽不发达。主翼羽黑色，有浅黄色镶边。

母鸡冠部基本与公鸡相同，但较矮小。羽毛以黄色为主，颈羽的边缘呈黑色，似颈圈。胫部深黄色。腹部丰满。

（三）体重、体尺

据福建省农业科学院畜牧兽医研究所测定，成年河田鸡的体重和体尺见表2-27。

表 2-27 成年河田鸡的体重和体尺测定结果

性别	体重(克)	体斜长(厘米)	胸宽(厘米)	胸深(厘米)	龙骨长(厘米)	骨盆宽(厘米)	胫长(厘米)
公鸡	1725.00 ±103.26	20.30 ±0.48	6.62 ±0.16	10.42 ±0.27	11.40 ±0.43	8.06 ±0.30	9.50 ±0.28
母鸡	1207.60 35.82	16.79 ±0.25	5.87 ±0.07	9.38 ±0.16	9.73 ±0.13	7.54 ±0.10	7.86 ±0.07

(四)产蛋性能

母鸡开产日龄为180天左右,小架子鸡可提早1个月。公鸡2月龄即开啼,大架子鸡则延至4月龄才开啼。

年产蛋数为100枚左右,如需孵育小鸡,则产蛋数更低一些。蛋重为42.89±2.09克。蛋壳以浅褐色为主,少数为灰白色。蛋形指数为1.38。

(五)产肉性能

据福建省农业科学院畜牧兽医研究所测定,河田鸡生长期各阶段体重见表2-28。

表 2-28 河田鸡生长期各阶段体重测定结果 (单位:克)

性别	初生重	30日龄	60日龄	90日龄	120日龄	150日龄
公鸡	30.7	111.6	326.1	588.6	941.7	1294.8
母鸡	29.6	91.4	242.6	488.3	788.4	1093.7

据测定,河田鸡在120日龄时屠宰,半净膛屠宰率,公鸡为85.8%,母鸡为87.08%;全净膛屠宰率,公鸡为68.64%,母鸡为70.53%。

(六)繁殖性能

农村饲养的鸡群,公、母配种比例为 1∶15;而饲养场多按 1∶10。农村饲养的母鸡,种蛋受精率为 90%;饲养场的种蛋受精率为 82%~97%,入孵蛋孵化率为 67.75%。当地群众还习惯在繁殖季节过后,把配种的公鸡也进行阉割肥育,以提高其肉的质量。

用母鸡自然孵育的育雏率在 90%以上,人工孵化育雏的 30 日龄育雏率为 85.76%。

母鸡有很强的就巢性,一般每产一窝蛋 12~18 枚即就巢,也不易催醒。因此,每只母鸡年就巢可达 6~7 次,催醒后,7~10 天即可恢复产蛋。

(七)饲养管理特点

1. 饲养范围 河田鸡适应于在亚热带地区饲养。如在北方地区饲养应提高舍内的温度。

2. 提供全价饲料 河田鸡骨架大。因此,饲养商品鸡时,在上市前几周应适当提高饲料中蛋白质和能量的水平。

(八)供种单位简介

福建省长汀县远山农业发展有限公司对河田鸡采用保种场的方式保种。

十三、安义瓦灰鸡

(一)育成概况

江西省安义县属南昌市郊县,属亚热带气候,温暖湿润,四季分明,雨量充沛,光照充足,霜期较短。年平均气温 17.1℃,极地最高气温40℃以上，极地最低气温有-15℃，无霜期258天左右。年平均降水量为1 517.7毫米。该县地处两潦河上中游，工业污染少，水清，水质略偏酸。土质以红壤类沙土为主，农作物主要是水稻、棉花、油菜、红薯、花生、西瓜及果树。历史上的安义县交通落后，特别是以东阳镇为主产地的周边地区以山地为主，人们缺少医疗技术与药品，智慧的安义人民在周围寻找可利用的药品，安义瓦灰鸡对各种疾病的疗效逐步被发现和利用，品种的数量也在不断增加和纯化。

据1936年县志记载，瓦灰鸡产地安义，1518年建县以前在农村就有饲养，距今已有1 000多年历史。该鸡体型小、毛色美、骨骼纤细、肌纤维直径小、肌肉嫩滑、皮下和肌肉脂肪分布均匀，既能用于各种烹调，又适于加工成食品，在中医上有治疗多种疾病的功能。1998年，安义县委、县政府把瓦灰鸡选育和推广作为振兴县域经济，实现富民的战略。经过努力，安义瓦灰鸡原种繁育，果林地大棚散养、孵化、加工、销售和育种研究等得到了快速发展。目前已建成安义瓦灰鸡原种场、扩繁场。以此为基础，初步形成了企业+专业户+农户+协会的生产销售体系，年出栏瓦灰鸡近50万只。

（二）外貌特征

安义瓦灰鸡不仅羽毛呈灰色，同时有灰皮、灰（毛）脚、灰喙和灰冠“五灰”特征。

1. 灰毛 片羽，全身羽毛灰色，其中头部羽毛灰黑色，尾羽间有黑色圆点。

2. 灰（毛）脚 胫骨较长，有85%左右的鸡有脚毛，脚毛灰色，部分金黄色；胫骨及脚部的皮肤呈灰色，在灰色的皮肤上可见有少量黑色圆点。

3. 灰皮 皮肤颜色灰色，肌肉灰白色，骨膜灰色、骨白色。

4. 灰喙 喙灰色,喙根深灰色,喙尖颜色较淡呈灰白色。

5. 灰冠 单冠中等大小。公鸡冠呈灰红色或红色,母鸡冠呈紫(灰)红色。

安义瓦灰鸡体格健壮,鸣叫洪亮,尾巴高翘,腿肌胸肌较发达,头高昂,单冠,肉垂、耳叶中等偏大,眼大有神,瞳孔黑色,虹膜橘黄色,喙大尖长;母鸡脚细小,骨骼细,羽毛光亮,头清秀、单冠红色或灰色,耳垂大,耳叶中等,瞳孔黑色有神,虹膜橘黄色,喙大,常展翅飞翔。

(三)体重、体尺

对成年安义瓦灰鸡体重和体尺测定结果见表 2-29。

表 2-29 成年安义瓦灰鸡体重和体尺测定结果

性别		体重(千克)	体斜长(毫米)	胸宽(毫米)	胸深(毫米)	龙骨长(毫米)	骨盆宽(毫米)	胫围(毫米)	胸角	胫长(毫米)
公鸡	平均	2.07	245.10	75.20	117.60	118.30	66.00	45.80	54.8°	123.40
	最大	2.31	270.10	80.00	127.00	130.00	73.00	50.00	57°	132.00
	最小	1.82	240.00	69.20	106.00	109.00	57.00	42.80	51.5°	117.00
母鸡	平均	1.42	208.50	61.00	101.40	93.20	58.90	35.30	62.7°	94.30
	最大	1.66	242.00	68.80	117.90	107.00	71.00	41.00	76°	109.00
	最小	1.10	180.20	52.10	90.50	72.00	50.00	31.00	52.2°	78.00

(四)产蛋性能

开产日龄为 135～160 天,500 日龄产蛋 110 枚,平均蛋重 51 克。

(五)产肉性能

90 日龄体重公鸡 1 000 克,母鸡 800 克。半净膛屠宰率,公鸡为 85.8%,母鸡为 87.08%;全净膛屠宰率,公鸡 68.64%,母鸡为 70.53%。

(六)繁殖性能

在散养条件下,母鸡以野外觅食为主,少量喂给配合饲料。种蛋受精率 83%,受精蛋孵化率 91%。

(七)饲养管理特点

1. 适合于放养 安义瓦灰鸡觅食能力强,产地主要以放养的方式进行饲养。

2. 开产较早 安义瓦灰鸡在 135 日龄就开产。因此,在育成期应提前上笼,适时增加光照,提高种鸡的产蛋率。

(八)供种单位简介

江西省安义县 2000 年开始进行瓦灰鸡选育,现有育种核心群家系 40 个,其中公 40 只,母 400 只,基础群种鸡 2 000 只,年推广瓦灰商品鸡 50 万只。核心群采取单鸡单笼,人工授精保种方式。

十四、固原鸡

(一)育成概况

产区位于六盘山东西两侧及南侧陇山、关山等各支系山脉,甘肃省和宁夏回族自治区相接壤的广大地区。海拔高度在 1 300 ~ 2 900 米,属黄土高原丘陵沟壑地貌,平原很少。年平均气温为 6.7℃ ~ 8.3℃,最高气温在 7 月份,平均为 19.5℃;最低气温在 1 月份,为 -8.8℃ ~ -6.8℃。农作物有小麦、玉米、莜麦、荞麦、谷子、糜子、马铃薯、豌豆及高粱等,牧草有禾本科、豆科、菊科、莎草科和车前科等。群众养鸡以放牧为主。

固原鸡的育成有着悠久的历史。早在汉、唐时代，静宁一带即设置了军事行政机构，是重要的兵马给养基地。静宁、隆德等县及六盘山一带又是由长安通往欧洲的丝绸之路北路的必经之地，历代交通与贸易业较为发达，对禽产品需求量很大，不少地方以经营烧鸡而得名。烧鸡的制作有较高的加工技艺和悠久的历史。产区回民较多，传统的开斋节及亲友往来均需要大量的鸡肉和蛋品，养鸡已成为重要的家庭副业之一。由于以上的特定的自然环境条件及人民生活的需要，对形成耐高寒、干旱和体质结实的固原鸡均起到重要的作用。

(二)外貌特征

固原鸡体格中等，公鸡头颈昂举，尾羽高耸，胸部发达，背部宽长，胫粗壮；母鸡头小清秀，背宽腹圆。

初生雏绒羽主要为黄色和麻色两种。黄色雏绒羽以深浅不等的土黄色为主，喙黄色，胫土黄色。麻色雏绒羽以深浅不等的褐色为主。头顶正中有两段纵形黑褐色绒羽带，喙呈肉黄色。背部沿脊椎两侧为较宽的深褐色绒羽带，与两侧黑色长条绒羽带相连接，外侧各有两条断开的纵形长条褐色绒羽带。主、副翼羽羽片内侧呈黑色、外侧呈褐色。眼圈黑色。喙、胫黄灰色，爪白色，少数个体胫部有稀疏的绒羽。

成年公鸡羽色不一致，主要有红公鸡和黑红公鸡。红公鸡的羽色艳丽，体羽以深褐色为主，主、副翼羽、尾羽黑色闪绿光，镰羽发达美丽，梳羽褐红色，腹部绒羽黑褐色，胸部、体侧浅褐色。冠型多为玫瑰冠，少数为单冠。喙多呈灰色。虹膜以橘黄色为主。冠、肉垂、耳叶鲜红色。胫灰色，少数个体有胫羽。皮肤白色。

成年母鸡羽色较杂，有黄鸡、麻鸡、黑鸡、白鸡、花鸡等，以黄鸡和麻鸡最多。黄母鸡体羽以土黄色为主，颈背面及两侧羽毛黑色镶黄边，颈下部羽毛土黄色，主、副翼羽、尾羽黑色，胸、腹部羽毛较淡、呈土黄色。麻母鸡体羽以麻褐色为主，主、副翼羽、尾羽呈黑色或深麻色，胫羽根部灰色，尖部深褐镶黄边，腹部羽毛浅黄色。

母鸡冠型多为玫瑰冠，少数为单冠(5~9个冠齿)。冠、肉垂、耳叶鲜红色，少数鸡有颌下羽。喙、胫、趾呈灰色，爪白色，少数有胫羽。

(三)体重、体尺

据1980年甘肃省和宁夏回族自治区家畜家禽品种资源调查组测定，成年静宁鸡和固原鸡的体重和体尺见表2-30。

表2-30 成年静宁鸡和固原鸡体重和体尺测定结果

性别		体重（克）	体斜长（厘米）	胸宽（厘米）	胸深（厘米）	龙骨长（厘米）	骨盆宽（厘米）	胫长（厘米）
公	静宁鸡	1888.00±40.00	18.50±0.16	7.50±0.09	11.00±0.12	11.50±0.16	8.50±0.09	9.70±0.16
	固原鸡	2250.0±47.00	23.10±0.19	7.60±0.10	11.20±0.14	12.50±0.12	9.30±0.12	12.20±0.12
母	静宁鸡	1630.00±18.00	17.50±0.06	6.80±0.04	10.20±0.05	9.80±0.05	7.90±0.04	7.90±0.03
	固原鸡	1670.00±15.44	19.80±0.07	6.70±0.04	9.90±0.06	10.80±0.05	8.10±0.05	9.90±0.05

(四)产蛋性能

固原鸡性成熟较迟。母鸡一般7~8月龄开产。早春孵出的鸡比秋季孵出的鸡开产较早。黄色母鸡和麻色母鸡产蛋量较多。在农家长年放牧饲养的条件下，早晚少量补饲，年产蛋量140~150

枚。蛋重为56.7~58克。蛋壳褐色。蛋壳厚度为0.34~0.35毫米。蛋形指数为1.312~1.316。

(五)产肉性能

对固原鸡生长期各阶段体重测定结果见表2-31。

表2-31 固原鸡生长期各阶段体重测定结果 (单位:克)

性别	初生重	30日龄	60日龄	90日龄	120日龄	150日龄	180日龄
公鸡	37.1~47.0	88.8~150.0	226.2~340.0	543.2~860.0	830.1~1170.0	1143.1~1750.0	1354.6~2030.0
母鸡	36.5~45.0	79.7~150.0	192.8~310.0	377.2~730.0	652.6~990.0	880.3~1390.01	1108.0~1480.0

公鸡6月龄半净膛屠宰率为73.4%~75.0%,全净膛屠宰率为68.7%~69.5%。母鸡半净膛屠宰率为73.6%~74.6%,全净膛屠宰率为67.5%~69.1%。

当地群众对鸡的短期肥育有丰富的经验,通常将养至1~1.5年的母鸡或6月龄以上的公鸡,于春末夏初用人工填食的方法进行短期肥育,即把鸡系于舍内(一般为窑洞),减少光照,限制运动,给以充足的饮水,用糜子面(带壳)再加少量荞麦面、莜麦面和煮熟的马铃薯等搓成小团子,每天早晚两次填食,每天填饲85~100克,开始少填,中期多填,后期少填。通过15~20天填饲,可增加体重0.5~0.8千克,比未填饲的个体多增加25%左右。屠宰率高,肉质鲜美。

(六)繁殖性能

农家养鸡的公、母配种比例一般为1:8,种蛋受精率可达90%左右。用天然孵化方法,孵化率较高,按受精蛋计算可达90%~94%。人工孵化率可达82.6%。

母鸡就巢性较强，每年就巢 2～3 次，每次持续 7～15 天。30 日龄雏鸡成活率为 81.6%～90%。

（七）饲养管理特点

1. 觅食力强 固原鸡适合于放牧饲养，早晨放牧后让其采食杂草、虫子等食物，中午和晚上适当加喂一些精饲料。

2. 耐寒 固原鸡抗寒能力较强，适合于北方地区饲养。

（八）供种单位简介

固原鸡是黄土高原耐高寒干旱气候的优良蛋肉兼用型鸡种，目前宁夏固原市原州区保存该品种，保种方式为保种区保种，固原鸡商品生产鸡分布在甘肃和宁夏接壤各县，饲养量有 80 万只。

十五、崇仁麻鸡

（一）育成概况

崇仁麻鸡饲养历史悠久，相传有 1 000 余年。产区位于江西省中部偏东，为丘陵地带，属亚热带季风气候，年平均气温 17.6℃，年降水量 1 813.3 毫米，日照时数多，无霜期长。境内山丘、岗地、平原相隔分布，种植业以水稻为主，还有大量花生、芝麻、豆类及杂粮等，农副产品丰富，为崇仁麻鸡的形成、发展奠定了物质基础。历史上以放养为主，在山坡上觅食各种昆虫、青草。崇仁麻鸡以体小蛋大而著称，但是原始品种个体间差异很大，分黄麻、黑麻两种类型。

（二）外貌特征

母鸡分黄麻和黑麻两种类型，单冠，头清秀，羽毛紧凑，冠与肉垂呈鲜红色。公鸡色彩鲜艳，羽毛棕红色，尾呈绿色，胸腹部羽毛红中带黑，单冠直立而红润，肉垂深而薄，体型成菱形。成年公鸡体重 1 457 ~ 1 627 克，母鸡 1 153 ~ 1 161 克。

(三)体重、体尺

据江西省崇仁县选育协作组测定，成年崇仁麻鸡的体重和体尺见表 2-32。

表 2-32 成年崇仁麻鸡的体重和体尺测定结果

性别	体重(克)	体斜长(厘米)	胸宽(厘米)	胸深(厘米)	龙骨长(厘米)	骨盆宽(厘米)	胫长(厘米)
公鸡	1458.70 ±23.86	18.92 ±0.22	7.47 ±0.08	8.44 ±0.14	11.09 ±0.08	6.94 ±0.09	8.55 ±0.12
母鸡	1140.00 ±23.42	16.01 ±0.08	5.38 ±0.06	6.92 ±0.06	9.14 ±0.03	5.44 ±0.06	6.76 ±0.04

(四)产蛋性能

母鸡开产日龄 180 天，年产蛋量个体间差异很大，高产个体达 200 多枚，低产的个体不到 100 枚。经观察 330 只鸡的产蛋性能，开产日龄 153.7 天，开产体重 1 024 克，初产蛋重 36.5 克，500 日龄产蛋量 143.55 枚，蛋重 49 克。

(五)产肉性能

崇仁麻鸡虽个体较小，但因其骨骼纤细，可食部分较多，且肉质细嫩，肉鲜味美。经测定，公鸡活重 1 880 克屠宰，半净膛率 85.9%，全净膛率 76.26%；母鸡活重 1 270 克屠宰，半净膛率 84.99%，全净膛率 67.06%。

（六）繁殖性能

据1992年在产区调查，公鸡开啼90～120日龄，母鸡就巢性达28.50%。经过系统选育，产蛋性能提高较快，个体间一致性较好，基因逐步纯合，就巢性减少到14%。种蛋受精率89.90%，孵化率87.96%，育雏成活率90.18%，育成成活率98.32%。

对崇仁麻鸡鸡蛋品质测定结果表明，蛋壳较厚，不易破损，蛋形指数属正常范围，哈氏单位超过美国规定AA级标准，蛋壳浅褐色。

（七）饲养管理特点

1. 性成熟早 崇仁麻鸡成年体重小，性成熟早。因此，在育成期饲养过程中应提前转入产蛋鸡舍饲养，并提前进入产蛋期的饲养管理。

2. 供给适合产蛋期的日粮 崇仁麻鸡种蛋蛋壳厚，在产蛋期需要大量的钙。因此，在产蛋期的日粮中应适当增加钙、磷的含量，并注意钙、磷的比例。

（八）供种单位简介

江西省崇仁麻鸡原种场对崇仁麻鸡进行了系统的选育，保种核心群保存70个家系，同时也组成了开发种鸡群，在崇仁县2002年饲养量达3 300万只。

十六、陕北鸡

（一）育成概况

陕北鸡为陕北北部丘陵区与沙漠滩地区所饲养的一种耐严

寒、生活力强、肉质细嫩的中小型优良地方鸡种。

鸡主要产于延安、榆林两地区，遍布陕北及西部邻省边界沿线各县，据2003年3月份调查统计，约有20万只，其中以延安地区的吴旗、志丹和榆林地区的横山、靖边、定边等县饲养数量最多。

农民养鸡主要为产蛋，因而对产蛋鸡选种十分重视，在长期生产实践中总结选种经验是：体小颈昂尾巴翘，裆宽体长脑袋小，毛贴腿长出羽早。这样的鸡精神好，觅食力强，产蛋多，早出尾羽的雏鸡是母鸡。

陕北过去地广人稀，交通闭塞，保种有较好的地理条件，自然环境使鸡形成耐寒、耐粗饲，觅食与生活力强的的特点。按体型和产蛋量选种，形成了现今肉质好，产蛋较多的鸡种。由于长期未经过系统选育，尚存在体型不一、毛色杂乱和生产性能差距较大的缺陷。

（二）体重、体尺

对成年陕北鸡体尺和体重测定结果见表2-33。

表2-33 成年陕北鸡体尺和体重测定结果

性别	只数	平均体重（克）	体斜长（厘米）	龙骨长（厘米）	胸深（厘米）	胸宽（厘米）	胸围（厘米）	骨盆宽（厘米）	胫长（厘米）
公鸡	51	1811.22 ±97.52	23.44 ±0.23	10.99 ±0.13	13.05 ±0.06	7.90 ±0.05	35.13 ±0.03	7.85 ±0.10	9.31 ±0.03
母鸡	209	1600.42 ±63.63	19.67 ±0.14	9.64 ±0.05	9.53 ±0.06	7.53 ±0.07	29.46 ±0.13	7.43 ±0.09	6.99 ±0.05

（三）外貌特征

大多数体质健壮，羽毛紧贴，外貌清秀，行动灵活。头小呈椭圆形，眼大有神，虹膜多黄褐色，单冠居多，也有玫瑰冠与豆冠者。

公鸡有较大的肉垂，母鸡肉垂较小，耳叶大小适中，大部红色。喙稍长略弯，多为灰白色及黑褐色。颈部昂扬。体躯稍长，背平欠宽，尾羽高翘，胫骨稍细，长短适中，大部灰色。羽毛白色居多，其次为芦花色、黄色、黑色与麻色，皮肤大部为白色，少数为黄色。

(四)产蛋性能

统计 90 只 300 日龄母鸡平均产蛋数为 45.20±4.13 枚；调查 150 只成年母鸡生物年度产蛋数为 125±5.12 枚。蛋形指数 1.33，蛋壳有白色及浅棕色两种，蛋重 49.88±0.23 克。

(五)产肉性能

陕北鸡 90 日龄公鸡平均体重为 1 005 克，母鸡平均体重为 890.23 克，公鸡 6 月龄半净膛屠宰率为 74.4%～76.02%，全净膛屠宰率为 68.3%～69.4%。母鸡半净膛屠宰率为 73.5%～74.5%，全净膛屠宰率为 66.5%～69.1%。

(六)繁殖性能

公鸡一般在 180 日龄开啼，母鸡在 180～240 日龄开始产蛋，50%的鸡开产日龄为 225 日龄。公、母配种比例一般为 1∶10～12。

一般母鸡多从 1 年后开始就巢，始于春末，终于初秋。1 年母鸡一般就巢 1 次 18～35 天，2 年母鸡 1 次醒巢后，15～20 天可出现第二次就巢，两次就巢长达 50～60 天。

据对 120 枚种蛋在 5 窝母鸡天然孵化测定，每窝孵蛋 10～20 枚，受精率平均为 92%，受精蛋孵化率在 90%左右。

35 日龄育雏存活率通常都在 92%左右，90 日龄存活率在 88%左右。

(七)饲养管理特点

1. 野性较强 陕北鸡善于飞翔,在饲养过程中,一旦有惊动,鸡群就会发生惊群。因此,应尽量减少一切应激因素,减少外来人员的参观,整修鸡舍和鸡笼应在进鸡前进行。

2. 减少抱窝性 陕北鸡存在着抱窝性,在饲养过程中应采用一些防抱措施,如将抱窝鸡及时取出,放在凉爽通风而光亮的鸡舍内,不放产蛋箱,多喂青饲料。农村习惯于把母鸡关在笼内,悬挂于空中,使其通风透气,站立不稳;或将母鸡罩在一浅水盆中,水淹没到鸡的小腿部,使鸡只能站、不能蹲抱,促使母鸡醒窝。

(八)供种单位简介

陕北鸡主要是采用保种区保种的方法,该地区交通不便,给保种带来了有利条件,目前各地区的保种工作主要是由各县的畜牧兽医站牵头管理,对保种区严禁外来鸡种的引进,有力地保护了地方鸡种资源。

十七、太白鸡

(一)育成概况

太白鸡产于陕西省太白县,现有 15 000 余只。

产区山大沟深,交通不便,外来种鸡进入比较困难,长期自群繁殖。群众素有逢年过节及婚丧大事用鸡肉待客的习惯,多以乌鸡肉补养久病虚弱的人,同时依靠鸡解决人们的生活零用钱,农户对养鸡事业一般都较重视,几乎家家户户都养鸡。

产区的群众在养鸡的实践中积累了丰富的选种经验,一般多选择羽毛贴身紧,体椭圆形的母鸡留做种用;公鸡选留皮肤乌色,羽毛红色,冠大直立鲜红,冠齿多,跖高粗,尾羽高翘,啼声洪亮的留做种用。在饲养管理上,小鸡出壳后,一般多先放在室内比较暖和的地方3~5天,再由抱母鸡带领到室外活动和觅食。小鸡开食先喂给熟碎米粒、玉米或米饭。两个月后,逐渐改喂生碎米或原粮,小鸡一直由抱母鸡带领育成。成年鸡长年以散养自由觅食为主,每天常补喂玉米糁子、玉米粒或大米等谷物饲料,每天每只鸡约50克。一般养鸡户多在屋檐下筑起鸡窝,窝顶为坡式或平顶式,窝内有栖架,夜间鸡在架上休息。

(二)外貌特征

公鸡体型大,头颈昂扬,胫高而粗,龙骨突起,胸肌较丰满,羽毛贴身紧,背腰宽平,尾羽翘起呈长方形;眼亮有神,虹膜黄色或金黄色。单冠直立,冠齿7~9个。冠、髯、耳叶粗糙,呈紫红色。喙粗短有勾,黑色,胫黑色无毛。四趾开张,皮肤白色或青紫色,羽毛颜色较杂,一般可分为赤红、黑红和白色3种。

母鸡腹部丰满羽毛蓬松,多呈卵圆形,大小适中。虹膜橘黄色或金黄色。喙粗短微弯呈黑色或黑板色,胫粗短无毛,呈黑色或黑板色,四趾开张。母鸡羽毛复杂,有麻羽、黄羽、黑羽、白羽、灰羽和杂花羽,皮肤有白色和乌色两种。

(三)体重、体尺

对太白鸡体重和体尺测定结果见表2-34。

表2-34 太白鸡体重和体尺测定结果

性别	体重(千克)	体斜长(厘米)	胸宽(厘米)	胸深(厘米)	胸围(厘米)	胸骨长(厘米)
公鸡	2.48±0.10	24.81±0.81	8.14±0.30	12.72±0.27	35.60±1.48	12.77±0.33

续表 2-34

性别	体重(千克)	体斜长(厘米)	胸宽(厘米)	胸深(厘米)	胸围(厘米)	胸骨长(厘米)
母鸡	1.88 ±0.31	18.00 ±0.17	6.67 ±0.11	10.68 ±0.12	31.33 ±0.41	10.60 ±0.15

(四)产蛋性能

在农村定点观测106只母鸡,500日龄平均产蛋70枚,最高产蛋可达150枚。对360日龄504只母鸡测定,平均蛋重54.5±0.39克,57克以上的占37.4%。蛋壳结构致密坚实,壳重4~6克,蛋壳厚度平均0.52±0.07毫米,蛋壳颜色有浅褐色、白色和青色,浅褐色和白色较多。据对504枚蛋测定蛋形指数,纵径长平均为5.6±0.27厘米,横径长平均4.32±0.41厘米,蛋形指数为1.30。

(五)产肉性能

屠宰测定180日龄公鸡15只,母鸡100只,活重分别为2018.5±280克,1138.2±170.7克;血重分别为70±24.5克和50±20.42克。半净膛屠宰率分别为81.24%和80%,全净膛屠宰率分别为73.99%和70.7%;胸肌和腿肌分别占胴体38.2%和36.6%。

(六)繁殖性能

太白鸡性成熟较晚。据观察群的统计,母鸡产蛋率达到50%的日龄为250~270天,平均260天;公鸡一般在120~150日龄开啼,最早在60日龄。母鸡就巢性强,在农村统计了88只母鸡,在产蛋期间(1~8月份)就巢母鸡72只,占81.8%,就巢持续期7~29天,平均14.16±4.93天。一户圈养鸡18只,就巢母鸡6只,占

33.33%,持续期为7~8天。公、母配种比例为1:8,种蛋受精率为90.77%,受精蛋孵化率为90.22%。

(七)饲养管理特点

1. 饲养方式 太白鸡耐粗饲,抗病力强,适于散养,具有飞翔能力,关养时围栏一定要高。

2. 采取醒抱措施 太白鸡具有较强的抱窝性。因此,必须采用醒抱措施,如土法醒抱:用缝衣针在两脚底下垂直刺入约6毫米,再从口腔灌服两匙食醋,第二天可见抱窝鸡下地找食吃,若第二天尚未醒窝,按上述方法重复2~3次。

(八)供种单位简介

太白鸡的保种工作主要由陕西省太白县畜牧兽医站承担。太白县交通闭塞,是一个天然的保种区,在保种区严禁引进外来鸡种,以保持地方鸡种的纯合率。

十八、康乐鸡

(一)育成概况

康乐鸡产于江西省宜春市万载县,中心产区在万载县的康乐镇一带,故而得名康乐鸡。因具有嘴黄、脚黄、皮毛黄的特点,又称为三黄康乐鸡。万载县现饲养康乐鸡1000万只左右,年出栏500万只以上,已成为万载县农村的一个重要产业。在丘陵岗地上大棚放养为目前主要饲养方式,栏舍投资少,效益高。

(二)外貌特征

康乐鸡以嘴黄、脚黄、皮毛黄为主要特征。母鸡头清秀,眼有神，虹膜橘黄色，单冠直立，颜色鲜红，肉垂中等大小，红色，耳叶红色。公鸡体躯粗壮、高大，羽毛呈棕黄色或红棕色，尾翘呈 U 型，有 10～15 根墨绿色尾羽。

(三)体重、体尺

据对 60 只公鸡和 360 只母鸡测定。成年康乐鸡体重和体尺见表 2-35。

表 2-35 成年康乐鸡体重和体尺测定结果

性别	体重(克)	体斜长(厘米)	胸宽(厘米)	胸深(厘米)	龙骨长(厘米)	骨盆宽(厘米)	胫长(厘米)	胫围(厘米)
公鸡	1875.76±340.16	19.42±1.37	7.06±0.72	9.06±1.91	10.65±2.04	8.31±1.11	9.03±0.71	4.42±0.54
母鸡	1426.43±291.25	17.17±1.79	6.04±0.66	8.60±1.27	9.13±0.81	7.62±0.76	8.99±0.67	3.39±0.38

(四)产蛋性能

母鸡开产日龄 170.35±5.25 天，开产蛋重 38.50±4.07 克，500 日龄产蛋量 156.70±26.5 枚，平均蛋重 48.57±5.56 克。

(五)产肉性能

据万载县畜牧良种场测定，小鸡 20～25 日龄长齐羽毛。公鸡 60 日龄体重 400 克，120 日龄 1 090 克，165 日龄 1 150 克，公鸡活重 1 530 克屠宰，半净膛率 84.37%±3.05%，全净膛率 78.18%±2.8%；母鸡活重 1 180 克屠宰，半净膛率 79.95%±2.8%，全净膛率 66.65%±3.1%。

(六)繁殖性能

公鸡60日龄开啼,150日龄可以配种。母鸡就巢性强,500日龄内就巢天数36.72±12.36天,种蛋受精率90.57%±13.4%,受精蛋孵化率93.46%±11.17%。蛋壳浅褐色。

(七)饲养管理特点

1. 饲料营养水平 根据江西省畜牧研究所推荐的商品生产鸡营养水平标准:育雏前期代谢能11.78兆焦/千克、蛋白质16.26%;育成鸡代谢能11.16兆焦/千克、蛋白质15.35%;成年产蛋鸡代谢能10.49兆焦/千克,蛋白质17.12%。

2. 加强选育 在保持优良肉质的前提下,适当提高生长速度和饲料转化率,并弱化抱窝性,淘汰抱性较强的个体,提高产蛋性能。

(八)供种单位简介

江西省万载县康乐原种场已对康乐鸡进行了开发,主要把该鸡种做优质鸡利用,目前已形成了很大的群体,正在进一步筛选配套杂交组合,逐渐完善繁育体系。

十九、黄郎鸡

(一)育成概况

黄郎鸡的产区为湖南省衡阳市地区。当地气候属湘东副热带夏长炎热气候,年气温平均在17.5℃~18.1℃。夏季由于受地形影响增温较快,故较为炎热;冬季冷空气溯湘江南下,可长驱直入因而又较为寒冷。年降水量在1200~1400毫米,无霜期265~295

天。农业发达,盛产稻谷、红薯、黄豆与高粱等。农户居住分散,房屋前后零星荒地或灌木林地较多。天然食饵丰富,散养鸡群可以寻找到落地的谷粒,以及草籽、嫩草、虫蚁。加上充足的阳光和终日觅食运动,使该鸡种具有健壮、活泼、觅食力强等特性。

养鸡是当地的主要副业之一。长期以来产区群众喜欢饲养黄郎鸡。中医用这种鸡作为妇女、老人的滋补品,配以中药服食。

近10多年来,黄郎鸡的饲养量大有增加,一般每户农民饲养几十只,多者百余只,还发展了许多专业养鸡户,饲养量有多达几千只的。农商部门还在生产区建立了原种鸡场和生产基地,加速黄郎鸡的选育。

(二)外貌特征

黄郎鸡体型小,体质结实,体躯稍短呈椭圆形。公鸡体态雄壮,母鸡体稍小而清秀。

单冠直立,冠齿多为5~7个。冠、肉垂和眼睑颜色鲜红。眼大有神,虹膜呈橘黄色。皮肤、喙和胫多为黄色,少数喙、胫为青色。

公鸡羽毛为金黄色和淡黄色,羽色光泽鲜艳,颈部覆有金黄色羽毛,腹部羽毛较背部羽毛略浅。母鸡全身羽毛淡黄色,也有黄色者,部分主翼羽和尾羽为黑色。

公鸡头型大小适中,冠、肉垂发达,前胸较宽,背腰平直。母鸡颈较细短,后躯深圆,腹部柔软而富有弹性。胫较短而无毛。

(三)体重、体尺

对成年黄郎鸡体重和体尺测定结果见表2-36。

表 2-36　成年黄郎鸡体重和体尺测定结果

性别	只数	体重（克）	体斜长（厘米）	胸深（厘米）	胸宽（厘米）	骨盆宽（厘米）	龙骨长（厘米）	胫长（厘米）
公鸡	47	1500 ±47.52	21.10 ±0.25	7.64 ±0.28	6.40 ±0.15	7.34 ±0.11	9.58 ±0.06	8.97 ±0.08
母鸡	245	1300 ±43.12	17.56 ±0.10	6.56 ±0.09	5.50 ±0.05	6.75 ±0.05	8.99 ±0.04	7.63 ±0.05

黄郎鸡生长速度较慢，一般成年公鸡体重 1.46 千克，母鸡 1.28 千克。在农家较低的营养水平条件下，6 月龄公鸡体重平均为 1.27 千克，母鸡平均体重为 1.01 千克。在较高营养水平条件下，6 月龄公鸡平均体重为 1.778 千克，母鸡平均体重为 1.4 千克。

黄郎鸡早期羽毛生长速度快，出壳后 4 天开始长翼羽，20 天长尾羽。据对 250 只雏鸡统计，38 天长齐羽毛的占 90%，尚有 10%为光背、秃尾。

（四）产蛋性能

据湖南省畜牧兽医研究所对 100 只鸡测定，300 天的产蛋量平均为 51.04 枚，500 天的产蛋量平均为 124.5 枚。

随机称取蛋 200 枚，平均重为 41.43 克，蛋形椭圆，蛋形指数 1.33，蛋壳绝大部分为浅褐色，厚度为 0.39 毫米，壳质坚实不易破碎。

（五）产肉性能

选取 5 月龄公、母鸡各 16 只，其屠宰率公鸡的全净膛为 74.4%，半净膛为 81.78%；母鸡的全净膛为 67.34%，半净膛为 77.89%（表 2-37）。

常规方法进行肉质评定，黄郎鸡与湖南省内其他地方鸡种相比,肉质味道属最佳。

表 2-37　黄郎鸡屠宰测定结果

性别	只数	平均活重（克）	胴体重（克）	半净膛		全净膛	
				重量（克）	%	重量（克）	%
公鸡	16	1449	1289	1185	81.78	1078	74.40
母鸡	16	1185	1075	923	77.89	798	67.34

(六)繁殖性能

黄郎鸡性成熟早。据对 220 只鸡观察,50%开产日龄为 170 天,最早 120 天产蛋,公鸡不到 3 个月开啼,最早为 77 天。

据对衡东县的大浦、真塘两地 366 户 2 351 只黄郎鸡统计,其中公鸡 148 只,母鸡 2 203 只,公、母鸡的配种比例为 1∶14.89。

据对 9 345 枚种蛋孵化成绩统计,受精蛋 7 854 枚,受精率为 84.5%;出雏 6 940 只,受精蛋孵化率为 88.3%,衡山县原种场温室育雏 460 只,30 日龄成活率为 90.4%,60 日龄成活率为 85.6%,180 日龄成活率为 82.6%。

黄郎鸡母鸡第一年仅少数有就巢性,第二年就巢占 15% ~ 20%。部分鸡一年就巢 1 次,个别也有就巢两次的。每次就巢时间持续 15 ~ 20 天,就巢多发生在 9 ~ 10 月份。

换羽多在 10 ~ 11 月份进行,每次换羽休产期为 30 ~ 60 天,个别高产鸡边换羽边产蛋。

(七)饲养管理特点

1. 饲养方式　黄郎鸡饲养比较粗放,产地个体户养鸡较多,农家可采用天然孵化,雏鸡由母鸡带养,出壳后 1 ~ 5 天在室内自由运动。1 个月后可转入放牧为主,成年鸡终日可在村庄周围及田野放牧,早晚补饲。

2. 补充适宜饲料 出雏后喂饲碎米、糠麸、米饭、青菜等拌合的湿料。放牧后可在早晚补饲全价饲料。

(八)供种单位简介

湖南省衡阳县畜牧水产局对该品种早在1982年就开始育种,使该品种的性能不断提高。并将该品种在生产上进行推广应用,现饲养数量约300万只。

二十、阳 山 鸡

(一)育成概况

阳山鸡因产于广东省阳山县而得名。它具有体型大、耐粗饲、觅食性强等特点,是农家喜欢饲养的鸡种。

阳山县年最高温度为38.8℃,最低-3℃,年平均温度为20.5℃,年降水量1 604.5毫米,全年日照1 632小时,5~9月份昼夜温差9.3℃,无霜期299天,属气候温和、雨量充沛、无霜期长的亚热带气候。但山区全为石灰岩地带,保水性较差,较为干旱。

阳山县农作物以水稻、玉米为主。此外,还有花生、黄豆、狗爪豆、木薯和甘薯等旱作物,为养鸡业提供了丰富的饲料来源。

阳山县的农村分散,村前屋后多空旷,灌木、杂草丛生,孳生虫蚁,为农家养鸡提供了优越的放牧条件。农家养鸡以放牧为主,每天早放晚收之前,均喂以整粒玉米。形成该鸡骨架粗大、消化力强的性能。经农家长期的自发的选优去劣,逐步形成了体型较大的阳山鸡。

(二)外貌特征

阳山鸡属肉用鸡种,胸深而体躯长,背平,体型呈长方形。头稍大，脚高，胫粗，四趾，喙黄，皮肤黄，脚黄。公鸡单冠直立，有6～9个冠齿，冠、肉垂、耳略大，色深红，虹膜金黄色，按其体型、羽毛颜色，可分为3种类型。

1. 大型 脚高，胫粗长，体型大。羽毛为深黄色，被毛较松。主翼羽和尾羽较短，黑色，主翼羽羽端2～3厘米卷曲，有5～7条退化的羽毛，无主尾羽。

2. 中型 毛色以麻色为主，主翼羽和主尾羽内侧为麻黑色，外侧为黄白色，羽端1～2厘米萎缩，有3～4条退化的羽毛，群众称之为“笋壳鸡”。

3. 小型 身体各部位小，羽毛浅黄色，主翼羽和主尾羽内侧呈黑色，外侧黄色。羽毛较多，且完整，翼端无萎缩，但也有个别主翼羽和主尾羽已退化。

3个类型的共同特点是羽毛生长缓慢，但体型都相似。

(三)体重、体尺

阳山鸡的体重和体尺测定结果见表2-38。

表2-38 阳山鸡体重和体尺测定结果

性别	只数	平均体重（克）	体斜长（厘米）	胸深（厘米）	胸宽（厘米）	龙骨长（厘米）	胫长（厘米）	骨盆宽（厘米）
公鸡	66	2255	20.25	13.09	9.19	12.20	8.76	11.07
母鸡	205	1855	18.44	11.69	8.34	10.60	7.37	9.70

(四)产蛋性能

在母鸡孵化和育雏的情况下，年产蛋3～4窝，每窝8～16枚，年产蛋40～47枚。在人工孵化情况下，年产蛋可达80枚。蛋壳为米黄色。据对73只鸡称重，平均蛋重为43.15克。又据仲恺农场测定平均蛋重41.2克，蛋横径平均为3.8厘米，蛋纵径平均为

4.95 厘米，蛋形指数为 1.3。

（五）产肉性能

不同日龄公、母鸡的生长发育情况是：30 日龄平均体重 250 克。60 日龄平均体重，公鸡 550 克，母鸡 450 克；90 日龄平均体重，公鸡 750 克，母鸡 700 克；120 日龄平均体重，公鸡 1 240 克，母鸡 1 050 克；150 日龄平均体重，公鸡 1 350 克，母鸡 1 251 克；180 日龄平均体重，公鸡 1 915 克，母鸡 1 725 克；成年平均体重，公鸡 2 653 克，母鸡 2 133 克。阳山鸡沉积脂肪能力强，肥育性能好，7 月龄以上的母鸡经 20～30 天肥育可增重 350～500 克，阉鸡经 20～30 天肥育可增重 500～750 克。

（六）繁殖性能

阳山鸡就巢性强，每产一窝蛋都有就巢表现，持续时间不一，采用人工孵化时，就巢时间一般为 15 天左右，醒窝后 20～30 天又开始产蛋。成年母鸡在翌年秋末冬初换羽，持续时间 45～60 天又再产蛋。

阳山鸡性成熟迟。公鸡 2 月龄才有个别开啼，3 月龄有性行为表现，3.5 月龄性征明显，180 日龄开始配种；母鸡 180 日龄只有少部分产蛋，到 7～8 月龄才全部产蛋，公鸡配种能力强，配种比例 1∶13～15，让母鸡自然孵化，每窝 10～16 枚，受精蛋孵化率达 98%。

（七）饲养管理特点

1. 加强防疫 由于外来传染病的不断传播，因此，阳山鸡育雏、育成阶段必须加强防疫，避免其他传染源的传入，减少疾病的发生，提高雏鸡的成活率。

2. 减少抱窝性 阳山鸡具有抱窝性。因此，要采取一切措施，减少种鸡的抱窝性。

(八)供种单位简介

产区对育种工作非常重视，现已建成了阳山鸡的保种场，并对阳山鸡开展了选育工作。

二十一、怀 乡 鸡

(一)育成概况

怀乡鸡原产于广东省信宜县，目前信宜县境内均有分布。怀乡位于信宜县中部，属丘陵地带，有黄华江和怀乡河流经境内，产地气候温和湿润，年平均气温 21℃～22℃，相对湿度 70%～76%，年平均降水量 1 600～1 700 毫米。耕作制度是二稻一麦。杂粮主要是甘薯、玉米。饲料来源丰富，自然环境优越，同时山区村落分散，有充裕山地，任其鸡放牧觅食。当地农民世代饲养怀乡鸡作为主要副业之一，农民逢年过节祭祖时，有竞赛大鸡的习惯，探亲访友以鸡相赠，那些体大肥美的怀乡鸡受到称赞。过去鸡贩子高价收买怀乡三黄鸡外销，刺激了当地群众长期选留大型三黄鸡，世代积累自繁，就逐渐形成了怀乡鸡种。

解放以后，为了保证三黄鸡出口，食品部门不引进外来鸡种，并于 60 年代初在高州、电白县建立怀乡鸡场，为附近县市提供大量鸡苗。怀乡鸡分布湛江地区八个县市。

(二)外貌特征

怀乡鸡按个体大小可分为大型与小型两种。大型鸡体大，骨粗，脚高，体躯较宽（母鸡更宽）深，体轴角约成 15°角（公鸡角度更大）。小型鸡体型较小，骨细，脚矮。

怀乡鸡头中等大小，单冠直立，有 5～7 个冠齿，眼睑皮呈红色，虹膜呈橘红色，瞳孔黑蓝色，喙呈黄褐色，耳垂、肉髯鲜红色。

公鸡羽毛鲜艳，头颈羽毛金黄色，背部羽毛深黄色，前胸及腹部羽毛浅黄色，主翼羽和复主翼羽黑色带黑点。尾羽有长、短两种类型。长尾羽的公鸡，大镰羽长而弯，呈黑翠色有光泽，镶着金黄色的花边显得雄壮美丽。短尾羽的公鸡，没有大镰羽，只有一主尾羽。

母鸡羽毛多数为全身金黄色，但主翼羽和尾羽呈黑色或不完全的黑色，少数肩羽有黄、白相间的花纹，胫呈黄色。

怀乡鸡羽毛生长速度较快，4～5 日龄时即长翼羽，40～50 日龄羽毛已丰满，公鸡要迟一些。

（三）体重、体尺

成年怀乡鸡的体重和体尺测定结果见表 2-39。

表 2-39　成年怀乡鸡体重和体尺测定结果

性别	年龄	只数	体重（克）	体斜长（厘米）	龙骨长（厘米）	骨盆宽（厘米）	胸深（厘米）	胫长（厘米）
公鸡	成年	19	1770.00 ± 390.00	20.88 ± 1.25	11.48 ± 0.78	8.25 ± 0.46	10.88 ± 1.33	8.13 ± 0.86
母鸡	成年	42	1720.00 ± 20.00	19.10 ± 1.23	9.86 ± 1.16	7.91 ± 0.86	9.87 ± 0.87	7.26 ± 0.73
母鸡	开产后	46	1270.00 ± 210.00	17.92 ± 1.73	8.86 ± 0.79	6.98 ± 0.67	9.21 ± 0.51	6.71 ± 0.48

（四）产蛋性能

怀乡鸡通常在 5～6 月龄开产，年产蛋约 90 枚，由于该鸡就巢性强而影响产蛋率。蛋呈椭圆形,蛋壳有白色和虾肉色两种,但以白色的为多。据怀乡鸡场随机抽测 100 枚蛋,平均蛋重是 43.42±4.66 克。

(五)产肉性能

怀乡鸡 30 日龄成活率为 96.8%,平均体重 211 克,82 日龄最大为 1 150 克,最小 850 克。根据信宜县勒塘鸡场饲养 400 只雏鸡,所用饲料代谢能为 3.12 兆焦/千克,粗蛋白质 17.3%,粗纤维 4.33%。出壳苗鸡重为 25~30 克,30 日龄平均重为 300 克,饲料转化比 1∶1.7;2 月龄体重为 745 克,饲料转化比 1∶2.8;3 月龄为 1 165 克,饲料转化比 3.4∶1。经肥育 15 天左右,体重与肥度可符合出口规格,母鸡 1 250 克以上,阉鸡 1 500 克以上,如用暗室笼养肥育,脂肪沉积快,肉质更鲜美。

(六)繁殖性能

公鸡配种能力强,公、母配种比例 1∶12~15,其受精率为 80.52%,受精蛋孵化率 82.32%。45 日龄存活率为 97.52%。

(七)饲养管理特点

1. 加强饲养管理 怀乡鸡是南方地区饲养的品种,适应高热地区环境。如在北方地区饲养,必须提高室内的温度,采用南方地区的饲养管理模式。

2. 提高受精率 怀乡鸡散养时受精率不高。因此,种鸡必须采用笼养的方式饲养,对配种的公鸡要选择,配种前对精液进行活力检查,输精时严格按人工授精的操作规程执行。

(八)供种单位简介

怀乡鸡目前采用保种区保种的方法保种,在开发上主要是以原种向外提供种鸡，目前怀乡鸡种鸡的饲养量为10万只，年可提供商品苗鸡800万只。

二十二、灵 昆 鸡

（一）育成概况

灵昆鸡是浙江省的优良蛋肉兼用型地方品种。体型大，肉质好，产蛋多，性成熟早，抗病力好和适应性强。灵昆鸡原产于温州市的灵昆岛（现灵昆镇），因而得名。该岛位于瓯江入海口处，面积约18平方千米，岛上地势平坦，土地肥沃，河渠交错，气候温和，雨量充沛。农作物一年三熟，以水稻为主，豆类、油菜、大小麦、甘蔗等普遍种植。河塘海涂，盛产鱼虾蟹贝。饲料资源丰富为灵昆鸡形成提供了有利物质条件。这里素无兽害，一般疫病也很少发生。自然环境宜于养鸡。历史上，不少人从事孵化、出售苗鸡的长期实践，对品种选育、饲养管理，孵化育雏等方面积累了宝贵的经验。

灵昆鸡的形成大致于200年前，来自福建的移民带来莆田鸡与本地土鸡杂交，灵昆鸡才初具雏形，1938年当地船民又从上海引进浦东鸡8只，进行杂交，所产后代，体型大，颇受群众欢迎，左邻右舍，争相引种。经长期选育，逐步形成了一个以“三黄”（喙、胫、羽毛黄色）为特征的体型大，成熟早，产蛋多、肉质好和抗病力及适应性强的蛋肉兼用型品种，并逐步向外扩散。

（二）外貌特征

灵昆鸡体型呈长方形，一般均具三黄的特点。按外貌可分平头与蓬头（后者头顶有一小撮突起的绒毛）两种类型，脚上多数有毛，当地俗称“着袂子”。

公鸡全身羽毛红黄色、有光泽，颈、翼、背颜色较深，主翼羽间有几片黑羽,尾羽黑绿色。头椭圆形,清秀、中等大小,单冠,中等高,冠齿6~8个。冠、髯、脸鲜红,眼亮有神,虹膜黄色。喙、腿、皮肤亦黄色。头昂立,胸宽广,尾上翘,姿态威武,举止敏捷。成年鸡体重约3千克,饲料条件好可达3.5~4千克。

母鸡淡黄色或栗黄色,有的在颈、翼、尾部有少量黑羽,单冠直立,有的倒向一侧。冠、髯、脸均为红色。头轻,颈中等长,眼亮有神,黄色虹膜。喙、胫、皮肤黄色。结构匀称,行动灵活,觅食力强。成年体重2千克。

(三)体重、体尺

成年灵昆鸡的体重和体尺测定结果见表2-40。

表2-40 成年灵昆鸡体重和体尺测定结果

性别	只数	体重（千克）	体斜长（厘米）	龙骨长（厘米）	胸深（厘米）	胸宽（厘米）	骨盆宽（厘米）	胫长（厘米）
公鸡	12	2.33±0.33	19.50±1.25	11.92±1.11	9.92±1.37	6.53±0.46	9.11±1.14	11.92±0.38
母鸡	108	2.02±0.43	16.77±1.22	10.11±0.33	8.52±0.79	5.90±0.64	6.96±0.87	9.36±1.10

(四)产蛋性能

灵昆鸡在150~180日龄,体重1.5千克左右开产,起初蛋较小,不到50克,2个月后,逐渐增大至55~65克,平均56.47克。蛋壳较厚,褐红色,群众称为红皮蛋,蛋黄大而色深,蛋白浓稠,味鲜美。一般年产蛋130~160枚,高的可到200多枚。

(五)产肉性能

30日龄平均体重185.84克,60日龄平均体重404.85克,90日龄平均体重497.53克。灵昆鸡的体型外貌的差异较大，据158只鸡的统计，成年公鸡平均体重2.33千克，成年母鸡平均体重2千克。半净膛屠宰率公鸡为87.8%，母鸡为85%，全净膛屠宰率公鸡为76.2%，母鸡为71.7%。肉淡黄色，腹脂厚度中等，肉质鲜美细嫩。

（六）繁殖性能

灵昆鸡就巢性差异较大，春季占80%，秋季不到10%。经统计年就巢1次的占29.5%，两次的占35.9%，3次的占23.1%，4次的占11.8%。受精率90%，受精蛋孵化率90%以上。

（七）饲养管理特点

1. 分群饲养 灵昆鸡个体差异较大。因此，从30日龄以后应将大鸡与小鸡分开饲养，60日龄能识别公母以后，公母也应分群饲养，避免大鸡欺小鸡的现象发生。

2. 定量饲喂 根据鸡群的数量计算出喂料总量，大体型鸡应适当控料，小体型鸡应适当加料，以提高鸡群的均匀度。

（八）供种单位简介

灵昆鸡的保种主要由浙江省温州市畜牧兽医站承担，采用科学的方法进行灵昆鸡的保种工作，保持品种的固有特征特性，在保种的同时对灵昆鸡进行开发。

二十三、南丹瑶鸡

（一）育成概况

南丹瑶鸡是广西壮族自治区山区大型地方鸡种之一，有些个体以体躯硕大而著称。南丹瑶鸡的主要产地是南丹县瑶寨的八圩和里湖两个瑶族区,共有鸡种 5 000 只,但多数属小型的。海拔高度在 800～1 000 米,是一个高寒石山地区,农作物以玉米为主,兼有水稻、小麦、黄豆、竹豆、火麻和油菜等作物。

南丹瑶鸡的形成过程,缺少历史资料可考证,但与当地的自然条件、社会条件密切相关,产地瑶寨的兄弟民族,居住分散,房前屋后都有树林草地,可以放牧饲养;农副产品丰富,为养鸡提供了饲料基础;当地家家都养鸡,每户年饲养量都在 30 只以上,有的户多达几千只,当地瑶族群众有"养大鸡户为荣"的习惯,选留体型高大的公鸡留种;加上瑶寨地处偏僻,1965 年以前未通汽车,交通不便,瑶鸡流动较少,又没有外来鸡种的混杂,基本上是自繁自养,闭锁繁育。由于以上自然和社会的条件影响,而形成了瑶鸡。

(二)外貌特征

瑶鸡外貌特征混杂,多数公母鸡主翼羽、主尾羽、胫、喙都是黑色,副翼羽为黑黄色,单冠、冠齿 6～8 个,虹膜棕黄色,肉垂和耳垂为红色。公鸡羽色为金黄色,棕红色、黄黑色较多,也有少数麻白色,白色;母鸡以麻黑色、黑白花、土黄色 3 种较多,纯黑色、纯白色很少。瑶鸡按体重划分为大型和小型两种,大型瑶鸡成年体重公鸡在 1 500 克以上,个别达 2 300 克,母鸡在 1 000 克以上,个别 1 350克,这种大型的瑶鸡数量较少,小型瑶鸡成年体重公鸡在 1 500 克以下,母鸡在 1 000 克以下。

(三)体重、体尺

成年南丹瑶鸡体重和体尺测定结果见表 2-41。

表 2-41　成年南丹瑶鸡的体重和体尺测定结果

类型	性别	只数	平均体重（克）	体斜长（厘米）	龙骨长（厘米）	胸深（厘米）	胸宽（厘米）	骨盆宽（厘米）	胫长（厘米）
小型	公鸡	48	2381.25	21.06	11.59	12.37	8.18	9.42	11.13
	母鸡	48	1615.00	17.89	9.45	10.59	7.05	8.07	8.37
大型	公鸡	12	3537.50	22.05	12.20	13.14	8.91	10.40	11.12
	母鸡	31	2262.90	19.11	10.56	11.63	7.76	9.14	9.01

（四）产蛋性能

据 1992 年调查，公鸡在 1 500 克以上开啼。母鸡在 6～7 月龄开产。年产蛋 90 枚以上，蛋重实测 205 枚，平均蛋重 48 克，个别达 60 克，在我国地方鸡种中瑶鸡的蛋重是比较大的鸡种之一。蛋壳颜色多为棕色。

（五）产肉性能

据 1992 年调查测定，小型瑶鸡公鸡平均体重 1 716 克，半净膛屠宰率 82.50%，全净膛屠宰率 77%；大型瑶鸡母鸡体重 2 650 克，半净膛屠宰率为 90%，全净膛屠宰率为 86.1%。

（六）繁殖性能

母鸡就巢性强。每次就巢持续时间 20～30 天，一般母鸡年就巢 3～4 次。

（七）饲养管理特点

1. 饲养方式　瑶鸡多年来以个体户饲养为主，饲养方式为放养。因此，瑶鸡在放养的条件下饲养较适宜。

2. 降低就巢性　瑶鸡的就巢性很强，严重影响瑶鸡的产蛋率。因此，必须采取措施降低瑶鸡抱窝性，如从育种上淘汰抱窝性强的个体，对抱窝的鸡只采取一些醒抱措施，如在饲料中加入一些防抱窝的添加剂等。

（八）供种单位简介

广西壮族自治区畜牧兽医总站已在南丹县建起种鸡场，主要目的是为了保存瑶鸡，并对瑶鸡进行开发利用，目前该鸡场已对瑶鸡进行了推广，但还未组成配套系，出售的鸡苗都是原种鸡苗。

二十四、宁都黄鸡

（一）育成概况

宁都黄鸡产于江西省宁都县。产区属红壤丘陵地带，气候温和，日照充足，无霜期长，雨量充沛，盛产稻谷、红薯、大豆等，素有“赣南粮仓”之称。丰富的农副产品为宁都黄鸡的形成和发展提供了物质基础。历史上畜牧业生产以养猪、养禽为主，农民养鸡是增加收入的重要渠道。选种标准注重“三黄”（嘴黄、脚黄、毛黄）和体型偏小，经过长期选择，逐步形成宁都黄鸡。

（二）外貌特征

宁都黄鸡体型偏小，头细脚细，嘴黄、脚黄、皮毛黄。公鸡单冠、直立或向一侧歪斜，冠齿5～6个。冠、髯硕大鲜红。耳毛淡黄色。眼圈及眼睑均为鲜红色。喙短宽，褐黄色。颈粗短，背短体宽，胸深，胸肌发达。颈羽金黄色，背羽、翼羽深黄或红黄色，鞍羽、镰羽金黄色，胸、腹羽淡黄色。主尾羽黑色闪光，有的杂以黄褐色边，翼羽有的杂以少量黑色或褐色边。胫和爪橘黄色，胫内、外侧有点状红斑，脚偏矮。母鸡单冠直立，冠中等大小，有4～5个冠齿。冠、髯、耳垂呈鲜红色。耳毛淡黄色。眼圈呈鲜红色。喙黄褐色，喙尖黄色。颈较短，中等粗细。背短、体稍宽，胸、腹稍深。颈羽、翼羽土黄色，胸腹羽淡黄色，背羽、鞍羽黄色。主翼羽少数个体杂以少量黑色或褐色斑。整个尾翼呈驼背状下垂而不上翘，为本品种外形特征之一。

（三）体重、体尺

对成年宁都黄鸡体重和体尺测定结果见表2-42。

表2-42 成年宁都黄鸡体重和体尺测定结果

性别	只数	体重（千克）	体斜长（厘米）	龙骨长（厘米）	胸深（厘米）	胸宽（厘米）	骨盆宽（厘米）	跖长（厘米）
公鸡	50	2.58±0.05	23.65±0.27	13.22±0.32	10.27±0.26	8.25±0.17	9.61±0.15	11.28±0.26
母鸡	311	2.36±0.07	20.34±0.10	10.80±0.11	9.80±0.10	8.07±0.07	9.00±0.25	9.55±0.07

（四）产蛋性能

蛋壳颜色淡褐色占78.8%，白色占19.55%，褐色占16.46%；蛋形指数始产期为1.310，主产期为1.312，终产期为1.293。蛋壳厚度始产期为0.323毫米，主产期为0.316毫米，终产期为0.305毫米。

（五）产肉性能

公母混合雏初生重31.09±1.64克，公鸡1月龄体重230～300克，2月龄体重500～600克，3月龄体重800～1 200克，4月龄体重1 300～1 500克，5月龄体重1 600～1 800克，6月龄体重2 000～2 200克；母鸡1月龄体重180～220克，2月龄体重320～420克，3

月龄体重 700～900 克，4 月龄体重 1 100～1 200 克，5 月龄体重 1 300～1 400 克，6 月龄体重 1 500～1 800 克。公鸡 180 日龄屠宰，宰前活重 2090.50±91.36 克，半净膛率 84.2%，全净膛率 70.6%；母鸡 118 日龄屠宰，宰前活重 1209.10±132.33 克，半净膛率 79.7%，全净膛率 62.1%。

最近，江西农业大学等单位对宁都黄鸡的肉质性状进行了研究。测定结果表明，该鸡的肉质优良，尤其是亚麻酸含量高，芥子酸含量低，肌纤维的直径小，以及鲜味和甜味氨基酸含量高。与江西省其他鸡种的性状相比，该鸡有着突出的优点。

（六）繁殖性能

公鸡开啼一般为 80 日龄，150 日龄时有 50%的公鸡能顺利接受人工采精，165 日龄全部能够产生正常精液。据 1 250 只母鸡统计，开产日龄 130～135 天。产蛋高峰期出现在开产后第七周，产蛋率达 65%～68%。产蛋率 50%以上可维持 5 周左右。日产蛋量时间分布：上午 10 时前产蛋占全天的 21%，10 时至 14 时产蛋占全天的 66%，14 时以后的占 13%。本品种选育程度不够，就巢性较强，一般产 18～20 枚蛋后进入就巢期，一次就巢时间 20～30 天。500 日龄产蛋量 110～115 枚，每枚蛋重量：始产期（开产 3～4 周内）32.67±1.62 克，主产期（开产后 5～40 周）44.83±2.28 克，终产期（开产 40 周以后）52.98±2.33 克。采用人工授精配种，据 61326 枚蛋统计，种蛋受精率 89.3%±4.31%，受精蛋孵化率 87%±3.82%。采用自然交配，春秋季受精率 84.58%，入孵蛋孵化率 70.18%，夏季、冬季则较低。表明采用人工授精技术配种可以提高受精率和孵化率。

种蛋合格率可达 96%～97%，健雏率 97.4%～98.5%，育雏率 95%，育成率 85%以上。

（七）饲养管理特点

1. 限制饲喂　宁都黄鸡沉积脂肪能力强。因此，饲养种鸡时，育成期必须进行限制饲喂，以防产蛋期出现过肥的鸡。

2. 增加光照　宁都黄鸡产蛋较好，为充分发挥产蛋性能，在开产前必须增加人工光照和自然光照。

（八）供种单位简介

江西省宁都县梅江镇背村已承担了宁都黄鸡保种工作，现保存60个家系，每个家系为1只公鸡配12只母鸡。每年进行一次继代繁殖。

二十五、文昌鸡

（一）育成概况

文昌鸡产于海南省文昌市一带。生产区东北部为平原台地，西南部属丘陵地带，其他地区多为起伏不平的小丘陵，海拔高度多在50米以下。农户居住分散，山场辽阔，为文昌鸡的放养创造了便利条件。文昌鸡在山丘树林中自由活动，可采食到充足的野果、无机盐、动物性蛋白质及青绿饲料。当地农作物以水稻和番薯为主，并以此做猪饲料，任鸡从食槽中自由采食。放养7~8个月后，宰杀食用前，将鸡置于安静避光处，圈养或笼养，用椰子丝、花生饼、米糠、米饭、番薯煮熟拌合饲喂，任其采食，短期催肥，并在拌料中加入适量的硫磺，使其骨脆，肉质肥嫩可口。

文昌鸡胸肌发达，肌肉纤细，皮薄，皮下脂肪分布均匀，适宜制作白切鸡，成品皮黄金色，爽脆可口，肉质鲜美，味道醇香。

(二)外貌特征

文昌鸡体型中等,具“三黄三短”特征,三黄是嘴黄、脚黄、皮黄;三短是嘴短、颈短、脚短。单冠直立,冠齿一般5~7个,喙短稍弯,少数鸡的喙尖稍带一点褐色,耳叶、脸均为红色,跖脚无毛。成鸡羽毛黄黑相间,颈羽、主翼羽、主尾羽黑色。雏鸡羽绒为黄色。

公鸡头大、冠大,肉垂长而薄,呈鲜红色。羽毛黄色略带金红色,虹膜橙黄色,主翼羽、尾羽蓝黑色,油光发亮,体呈船形,结构匀称。母鸡头小、脚细,肉垂较短,呈淡红色,羽毛紧凑,体呈楔形,前躯窄,后躯宽。

(三)体重、体尺

对成年文昌鸡体重和体尺测定结果见表2-43。

表2-43 成年文昌鸡体重和体尺测定结果

性别	体重(克)	体斜长(厘米)	胸深(厘米)	龙骨长(厘米)	骨盆宽(厘米)	胫长(厘米)
公鸡	2002 ±35.60	19.20 ±1.45	11.50 ±0.10	12.10 ±0.11	9.10 ±0.11	9.00 ±0.07
母鸡	1701 ±17.60	15.34 ±0.12	10.20 ±0.08	9.00 ±0.10	7.70 ±0.08	8.08 ±0.06

(四)产蛋性能

开产日龄160~210天,年产蛋70~80枚,蛋壳浅褐色,蛋形指数为1.32。平均蛋重50克。

(五)产肉性能

文昌鸡肥育性能好,脂肪沉积能力强,母鸡饲养6个月,公鸡饲养8个月,体重可分别达到1～1.3千克和1.5～1.8千克,具有较高的屠宰率。

(六)繁殖性能

在农家放养条件下,文昌鸡年产蛋5～6窝,每窝8～14枚,母鸡性成熟期在180日龄左右,200天为50%开产时间,母鸡就巢性强,但依气温变化而有差异,每年4次,每次7～15天的停产期。在自然交配的情况下,种蛋受精率在85%左右,高的可达91%。用抱窝母鸡孵化,受精蛋孵化率约为80%。30日龄的育雏率在90%左右。公鸡在90日龄有性行为,但多在150日龄开始利用。

(七)饲养管理特点

1. 适于放养 文昌鸡多年来主要以农家放养的方式进行饲养,该鸡已适应了放养的方式。

2. 肥育性好 文昌鸡脂肪沉积能力强,在上市前2周,进行短期肥育,可增加体重增长的速度。

(八)供种单位简介

海南榕籽文昌鸡养殖有限公司对文昌鸡进行了系统的选育,组成了文昌鸡配套系在生产上应用。

海口农工贸(罗牛山)有限公司在文昌市潭牛镇华侨农场内新建了文昌鸡育种场,对该鸡开展了系统地选育工作。

二十六、丝羽乌骨鸡

(一)育成概况

丝羽乌骨鸡是我国古老的鸡种之一。原产于江西省,现分布于全国。

产区地处亚热带及南亚热带，农产品丰富多样，饲料资源充足，群众素以养鸡为家庭副业。特别是在过去交通不便、缺医少药的年代，当地农户多养有丝羽乌骨鸡，作为补品治病之需。丝羽乌骨鸡还以其性情温驯、不善飞跃、适应性强、外形美观和肉质鲜嫩而深受人们所喜爱，并曾视为珍贵贡品。因此，这一独特的鸡种，经数百年的历史，至今仍得以保存。

（二）外貌特征

丝羽乌骨鸡在国际标准品种中被列为观赏鸡种。其体型为头小，颈短，脚矮，结构细致紧凑，体态小巧轻盈。外貌与其他鸡种有明显的不同，标准的丝羽乌骨鸡可概括为具有十大特征，又称为十全。

1. 桑椹冠 冠形属草莓冠类型，公鸡比母鸡略为发达。鸡冠颜色在性成熟前为暗紫色，与桑椹相似；成年后则颜色减退，略带红色，故又有荔枝冠之称。

2. 缨头 头顶有冠羽，为一丛缨状丝羽，母鸡羽冠较为发达，状如绒球，又称为凤头。

3. 绿耳 耳叶呈暗紫色，在性成熟前有明显的蓝绿色彩，但在成年后，此色素即逐渐消失，仍呈暗紫色。

4. 胡须 在下颌和两颊着生有较细长的丝羽，俨如胡须，以母鸡较为发达。肉垂很小，或仅留痕迹，颜色与鸡冠一致。

5. 丝羽 除翼羽和尾羽外，全身的羽片因羽小枝没有羽钩而分裂成丝绒状。一般翼羽较短，羽片的末端常有不完全的分裂。尾羽和公鸡的镰羽不发达。

6. 五爪 脚有五趾，通常由第一趾向第二趾的一侧多生一趾，也有个别从第一趾再多生一趾成为六趾的，其第一趾连同分生的多趾均不着地。

7. 毛脚　胫部和第四趾着生有胫羽和趾羽。

8. 乌皮　全身皮肤以及眼、脸、喙、胫、趾均呈乌色。但实际上乌黑的部位和程度，有时随不同个体而稍有差异。

9. 乌肉　全身肌肉略带乌色，内脏膜及腹脂膜均呈乌色。

10. 乌骨　骨质暗乌，骨膜深黑色。

现在也存在一些不全具备这“十全”标准的丝羽乌骨鸡和单冠、胫、趾无小羽等类型。

(三)体重、体尺

丝羽乌骨鸡的体重、体尺随产区的生态环境与饲养管理条件不同而异。据福建、江西两地测定的资料，成年鸡的体重和体尺见表2-44。

表2-44　成年丝羽乌骨鸡体重和体尺测定结果

产区	性别	体重(克)	体斜长(厘米)	胸宽(厘米)	胸深(厘米)	龙骨长(厘米)	骨盆宽(厘米)	胫长(厘米)
福建	公鸡	1810	20.67	7.81	10.00	11.46	8.42	10.34
	母鸡	1660	18.97	7.22	8.64	10.28	8.01	8.66
江西	公鸡	1300	15.98	5.37	9.10	9.33	6.52	9.04
	母鸡	970	13.82	4.52	7.71	7.94	6.87	7.36

(四)产蛋性能、繁殖性能

据两个产区调查测定，丝羽乌骨鸡产蛋性能和繁殖性能见表2-45。

表 2-45 丝羽乌骨鸡产蛋性能和繁殖性能

产　区	福　建	江　西
开产日龄(天)	205	170
年产蛋量(枚)	120～150	75～86
平均蛋重(克)	46.85	37.56
蛋形指数	1.34	1.36
每窝产蛋数(枚)	15～20	6～9
就巢持续天数(天)	14～21	20～50
公母配种比例	1:6	1:15～17
种蛋受精率(%)	87	89
受精蛋孵化率(%)	84.53	75～86
60 日龄育雏率(%)	91.2	78～94

(五)产肉性能

丝羽乌骨鸡的生产速度与种鸡的体重、蛋重和饲料营养水平密切相关。两个产区对不同日龄的平均增重测定结果见表 2-46。

表 2-46 丝羽乌骨鸡生长期各阶段体重测定结果 (单位:克)

产区	性别	初生重	30 日龄	60 日龄	150 日龄
福建	公鸡	32.0	190.0	420.0	1460.0
	母鸡	31.0	180.0	390.0	1370.0
江西	公鸡	27.0	131.6	307.0	913.8
	母鸡	26.6	118.8	258.4	851.4

据江西省畜禽品种资源调查组对成年丝羽乌骨鸡的屠宰测定,公鸡半净膛屠宰率为 88.35%,全净膛屠宰率 75.86%;母鸡分别为 84.18%和 69.5%。

另据福建省泉州市畜牧兽医站对7月龄丝羽乌骨鸡的屠宰测定，公鸡全净膛屠宰率为67.74%，母鸡为57.14%。

(六)饲养管理特点

1. 胆小 一旦鸡舍发生异常现象(陌生人的进入、整修鸡舍等)，鸡群即会发生惊群。因此，在饲养过程中，应尽量减少对鸡群的应激。整修鸡舍应尽量在进鸡前进行，减少外来人员的参观，并防止鸟类及其他动物进入鸡舍。

2. 个体小 丝羽乌骨鸡个体小，不宜与其他鸡种混养，以免体型大的鸡欺负丝羽乌骨鸡，造成采食量不足影响丝羽乌骨鸡的生长。

(七)供种单位简介

江西省泰和鸡种鸡场多年来对丝羽乌骨鸡进行了保种和育种工作。

二十七、四川山地乌骨鸡

(一)育成概况

产区地形复杂，山地丘陵、低山、中山地貌均有，海拔在500～2000米，气候温和，降雨充沛，四季分明，霜雪少有，适合多种畜禽生长。

四川山地乌骨鸡饲养历史悠久，据四川省兴文县志记载和宜宾市出土文物陶鸡等资料说明有1000多年的历史。自古以来，产区人民素有选用乌骨鸡做产妇、体弱者和病人滋补佳品，辅助良药的习惯。经测定，四川山地乌骨鸡与本地其他鸡相比，含人体必需的各种氨基酸总量高12.08%；蛋白质含量达22.03%；脂肪含量较低为13.18%；尤其是含促进红细胞、血红蛋白生成的黑色素和紫胶素；含延缓衰老和有助美容的维生素E相当丰富，比本地其他鸡高6~10倍。因而乌骨鸡对人体具有特殊的营养滋补、保健美容和强身健体作用，属肉药兼用型珍贵品种。

近年来，四川山地乌骨鸡发展迅速，1980年底存栏24万只，1998年增加到280万只。乌骨鸡在存栏鸡总数中的比重由16.3%提高到48%。

(二)外貌特征

四川山地乌骨鸡的外貌特点是全身黑羽鸡居多，白羽鸡甚少。大多数冠、脸、髯、喙、趾、皮肤和舌头呈乌黑色，屠宰后可见肉乌、骨乌和内脏乌，称为十全乌骨鸡。舌头不乌的白肉乌骨鸡，称半乌骨鸡。体型较大、体质健壮结实。冠型多数是单冠，复冠很少。羽毛多为片羽，翻羽和丝毛羽少见。

(三)体重、体尺

对四川山地乌骨鸡体重和体尺测定结果见表2-47。

表2-47 成年四川山地乌骨鸡体重和体尺测定结果

性别	体重（克）	体斜长（厘米）	胸宽（厘米）	胸深（厘米）	龙骨长（厘米）	骨盆宽（厘米）	胫长（厘米）
公鸡	2199.00 ±45.79	19.93 ±0.65	9.20 ±0.13	9.59 ±0.18	11.02 ±0.12	11.61 ±0.17	10.91 ±0.10
母鸡	1815.00 ±18.15	15.67 ±0.05	7.10 ±0.03	8.09 ±0.05	9.23 ±0.04	7.62 ±0.03	8.09 ±0.02

(四)产蛋性能

四川山地乌骨鸡5月龄见蛋，开产平均日龄为165天，开产蛋重40克，开产母鸡体重1 750克，年平均产蛋120～140枚，蛋平均重57.8克，蛋壳米黄色。

（五）产肉性能

在农村散养条件下，6月龄以前生长快，公、母鸡体重3月龄平均重达986克和892克；6月龄平均重达2 200克和1 800克。7月龄以后增重速度降低，12月龄平均重2 828克和2 230克。农村散养适时屠宰期为6月龄。在舍饲条件下，4月龄以前生长快，公、母鸡平均体重达2 331克和1 932克，相当于成年时的84%和87%，笼养肥育适时屠宰期为4月龄。乌骨鸡出肉率高，全净膛屠宰率为79.5%，肉质好，细嫩多汁，风味独特，深受消费者的喜爱。

（六）繁殖性能

四川山地乌骨鸡性成熟年龄一般为150～180天，开产日龄180～210天。种蛋受精率82%，受精蛋孵化率87.5%，育雏成活率90%(0～20周)。每年就巢7～8次，每次持续17～25天，冬季就巢期长，产蛋量少。根据四川省兴文县四川山地乌骨鸡原种场观察，笼养可消除就巢性，年产蛋量提高15%～20%。

（七）饲养管理特点

1. 适应性强 四川山地乌骨鸡抗逆性和生活力强，适应平地关养、放养，也适应笼养，放养时应在早、晚给予补饲；关养时饲养密度不宜过大，种鸡笼养时活动量小，应适当降低饲料的营养水平，防止过肥鸡的出现。

2. 早期生长速度快 四川山地乌骨鸡较丝羽乌骨鸡生长速度快。因此，在早期的饲养中，饲料的营养水平应比丝羽乌骨鸡高。

(八)供种单位简介

四川省兴文县四川山地乌骨鸡原种场经过7个世代的选育提纯,目前已建立起核心群黑羽家系80个,其中公鸡100只,母鸡800只,采用组建家系选育。并向生产上推广遗传性能稳定、特征特性典型和生产性能较高的山地乌骨鸡品系,可向全国广大饲养户提供纯系种鸡、种蛋和商品苗鸡。

二十八、金湖乌骨鸡

(一)育成概况

金湖乌骨鸡原产于福建省泰宁县西南部山区,金溪河中游,即池潭水库周边,国家级旅游重点开发区——梅口、大布、杉城等山地一带。境内山高林密,坡陡溪急,峰峦重叠。气候温暖湿润,冬无严寒,夏无酷暑。年平均气温17℃,降水量丰富,年降水量1 775毫米。当地农民除饲养猪、牛、鸭外,尤其喜欢饲养乌骨鸡。群众历来以饲养本地乌骨鸡来滋补身体和馈赠亲友。由于产区属浓密的竹林地,草叶丰富,加之交通不便,流通受阻,形成了天然的隔离屏障,成为金湖乌骨鸡品种形成的独特生态环境。长期以来,金湖乌骨鸡以放养为主,饲喂以稻谷、米糠、大米饭及其他农副产物,青料、无机盐、蛋白质饲料靠鸡在散养时自行觅食,如林地、草坪及宅旁中的蚂蚁、蚯蚓、蝗虫、蚱蜢等各种昆虫及砂砾。鸡长年栖息在畜栏上或宅旁竹丛中,饲养管理粗放。群众喜欢用乌骨鸡滋补身体,认为具有延年益寿作用,才使这一品种保留至今。

(二)外貌特征

金湖乌骨鸡体格偏小,体型钝圆,体质结实,行动敏捷。头部清秀且短宽。鸡冠为紫红色的玫瑰冠。耳呈圆形且银白色，虹膜为褐色，喙短直呈灰白色，肉髯紫红呈三角形，胫呈褐色、无脚毛、四趾。皮肤、肌肉、骨骼呈褐黑色。内脏中肝呈深红色，肺、肾、脾、大小肠均为灰白色。在调查中发现，该鸡种由于常与其他鸡种混养在一起，掺入外血，使其乌度不如正宗的白绒毛丝羽乌骨鸡。据调查320只金湖乌骨鸡中，全乌骨鸡（紫冠、乌喙、乌皮、乌胫、乌肉、乌骨）占46.2%，有53.8%为半乌骨鸡（乌冠、乌喙、乌皮、乌胫）。

公鸡体大雄壮，叫声洪亮，眼大有神；冠大竖立，冠体末端分裂成桑椹状瘤突，呈深紫红色，宛如怒放的奇花；羽色鲜艳，光泽亮丽，主翼羽为黑色，其左侧边上有一带状浅黄色镶边，副翼羽为棕红色，尾羽和镰羽为黑色、有光泽；头及颈羽为棕红色，背、胸、腹羽为红黄色。

（三）体重、体尺

对成年金湖乌骨鸡体重和体尺测定结果见表2-48。

表2-48　成年金湖乌骨鸡体重和体尺测定结果

性别	体重（克）	体斜长（厘米）	胸宽（厘米）	胸深（厘米）	龙骨长（厘米）	骨盆宽（厘米）	胫长（厘米）
公鸡	2008.00±43.70	18.90±0.60	9.00±0.12	8.49±0.08	10.02±0.12	10.61±0.17	9.91±0.10
母鸡	1715.00±17.15	14.62±0.03	7.00±0.03	7.06±0.05	8.23±0.04	7.62±0.03	8.09±0.02

（四）产蛋性能

公鸡135日龄开啼，母鸡170日龄见蛋，母鸡年产蛋56～61枚，蛋重41.30±2.87克，蛋壳颜色为浅棕白色，蛋形指数为1.46。

(五)产肉性能

据调查,在农村粗放饲养条件下,成年公鸡平均体重1470克,最大体重1750克;成年母鸡平均体重1215克,最大体重1600克。该鸡属“三乌”的原始品种,经长期自然选择,因而肉质鲜美。由于金湖乌骨鸡饲养粗放,觅食消耗了大量的能量,故生长速度迟缓,需进行系统选育和改进饲养方式来提高生长速度和产肉性能。

(六)繁殖性能

金湖乌骨鸡性成熟较晚。母鸡就巢性强。由于饲养粗放,性成熟即行自然交配,留种公、母鸡比例为1:8~12。产区每户一般于每年2~4月份和8~10月份采用自然孵化方式进行繁殖,每窝入孵蛋13~18枚。据初步测定,金湖乌骨鸡受精率为82.5%,受精蛋孵化率为81.9%,入孵蛋孵化率为65%~73%。雏鸡成活率65%。

(七)饲养管理特点

1. 生长速度慢 金湖乌骨鸡早期生长速度慢,90日龄才达1000克左右。因此,饲养商品鸡必须喂给全价饲料,适当提高饲料蛋白质和代谢能水平,在种鸡育种上应注重生长速度的选育,选留生长速度快的家系和个体作为种用。

2. 雏鸡成活率低 金湖乌骨鸡雏鸡抗病能力差,对马立克氏病比较易感,因此,接种疫苗应选用免疫效果好的厂家疫苗,并做好防疫工作,阻断外来病源的侵入,提高苗鸡成活率。

(八)供种单位简介

保种选育为1997年10月开始,目前家系32个,公母鸡320只。保种方法:隔栏平养,1公9母为1个家系。

二十九、余干乌黑鸡

(一)育成概况

江西省余干县饲养乌黑鸡的历史悠久,相传早在汉代,“双墩乡凤凰山下养有乌鸡”。每年4~5月,家家户户要吃乌鸡,以强身补体。

产区余干县位于信江下游,鄱阳湖畔,由低岗地和滨湖平原构成,年平均气温17.9℃,年降水量1 586.4毫米,无霜期达265天。南城县为丘陵平原地带,其气温、降水量以及无霜期和余干县相似。产区盛产稻谷、花生、油菜、豆类和各种杂粮,农副产品丰富,为乌黑鸡的形成和发展提供了物质基础。农民素有养乌黑鸡的传统,并把它作为药用。选育上特别注意“全黑”。

(二)外貌特征

余干乌黑鸡以全身毛乌黑而得名,羽毛乌黑、片状。喙、冠、皮、肉、骨、趾为乌黑色。性情活泼,敏捷、易暴发性飞跃。母鸡单冠,头清秀,眼有神,羽毛紧凑,丰满。公鸡雄健俊俏,尾羽高翘,腿肌胸肌发达,头颈高昂,眼有神,鸣叫洪亮,单冠,呈暗紫红色,冠齿6~7个,肉垂深而薄,体型呈菱形。

(三)体重、体尺

对成年余干乌黑鸡体重和体尺测定结果见表2-49。

表 2-49 成年余干乌黑鸡体重和体尺测定结果

性别	体重（克）	体斜长（厘米）	胸宽（厘米）	胸深（厘米）	龙骨长（厘米）	骨盆宽（厘米）	胫长（厘米）	胸围（厘米）
公鸡	1584.56 ± 1.78	22.71 ± 1.78	6.10 ± 0.54	7.51 ± 0.57	12.56 ± 1.16	7.28 ± 0.44	7.63 ± 0.56	28.27 ± 2.06
母鸡	1249.80 ± 180.3	16.98 ± 0.36	5.08 ± 0.41	7.18 ± 0.67	10.01 ± 0.60	6.46 ± 0.43	6.49 ± 0.41	23.80 ± 1.77

（四）产蛋性能

母鸡在未进行系统选育前，个体间产蛋性能差异较大，有25%～32%的个体产蛋强度大，连产性好，连产 7～10 枚蛋休息数天，据 1999 年对 180 只鸡统计，开产日龄 202.23 天，开产体重1 103 克，500 日龄产蛋 121.5 枚，500 日龄蛋重 43.01 克。

余干乌黑鸡鸡蛋品质好，蛋形指数 1.34，蛋壳厚度 0.323 毫米，据江西农业大学测定，余干乌黑鸡蛋黄含胆固醇低，这是余干乌黑鸡的特点。

（五）产肉性能

饲料营养水平在 0～6 周龄代谢能为 11.28～11.5 兆焦/千克，粗蛋白质 17.5%～18.5%，7～12 周龄相应为 11.08～11.5 兆焦/千克、粗蛋白质 16.5%～17.5%条件下测定，30 日龄混合雏体重 121.99 克、90 日龄公鸡体重 441.21 克，母鸡体重 393.31 克。

余干乌黑鸡公鸡屠宰体重 1 755.35 克，半净膛率 85.13%，全净膛率 65.3%。

（六）繁殖性能

有 35%～40%的个体就巢性较强，集中在 5～6 月份第一个产蛋高峰期后，最短 7 天，最长达 20 天。

地面平养观察，余干乌黑鸡适应性强，抗病性能好，成活率高。据1994年测定3 564只育雏小鸡，育雏成活率为93.12%，育成率为93.88%。

（七）饲养管理特点

1. 加强选育 今后要继续完善良种繁育体系，保护资源，继续保持体型外貌特点和肉质优良的特性，改善产肉性能，提高经济效益。

2. 减少就巢性 余干乌黑鸡就巢性强，严重影响种鸡的产蛋量，因此，必须加强对本品种选育，淘汰就巢性强的个体或家系的种鸡，减少就巢性，提高生产性能。

（八）供种单位简介

余干乌黑鸡种鸡场对余干乌黑鸡经过多年的选育，种鸡的乌皮、乌骨、乌肉的程度已大幅度的提高，生产性能也有所提高，目前已形成了较大的群体，根据2002年调查，江西省余干县、南城县两县饲养量达180万只。

三十、江山白羽乌鸡

（一）育成概况

主产于浙江省江山市，与其邻近的江西省玉山县也有分布（当地叫玉山乌鸡）。它是一个体质结构紧密的中型蛋肉兼用品种，也有药用价值，当地已开发出一些食疗保健产品，如乌鸡酒、乌鸡面、乌鸡饼干等。

(二)外貌特征

该鸡种全身羽毛纯白,片羽。体态清秀,呈元宝形。皮、肉、骨、喙、胫均呈黑色,内脏黑色程度个体有不同,耳叶雀绿色,单冠,冠与肉垂呈绛色,部分个体有胫羽。

(三)产蛋性能

江山白羽乌鸡成年公鸡体重 1.61 千克,母鸡 1.49 千克,开产日龄 184.5 天,开产体重 1.3 千克,500 日龄产蛋 142.8 枚,平均蛋重 54.8 克,母鸡就巢性强。早期生长速度较快,90 日龄平均体重 743.2 克。

(四)产肉性能

成年鸡屠宰全净膛率,公鸡 75.6%,母鸡 65%;半净膛率公鸡 86.5%,母鸡 81%。

(五)繁殖性能

育雏成活率 85%左右。江山白羽乌鸡在当地种鸡场经过 7 个世代选育,生产性能已有很大提高,如:符合“三乌”标准的个体由 60%上升到 99.5%;90 日龄活重由 727 克上升到 854 克,料肉比由 4.19:1 降为 3.76:1;500 日龄产蛋数由 156 枚上升到 167 枚。

(六)供种单位

浙江省江山市农业局江山白羽乌鸡种鸡场。

三十一、盐津乌骨鸡

(一)育成概况

原产于云南省盐津县,约有 3 万余只,分布在盐津、大关及威信等县。

该县位于滇东北高原。海拔不足 1000 米。地势西南高,东北低,呈南北走向。属亚热带气候,日照短(平均 962 小时),年平均气温 17℃,年平均降水 1211.7 毫米。砖红壤、砂壤等酸性土。盛产玉米、水稻、红薯、小麦、黄豆和高粱等,饲料来源丰富,农户养鸡普遍。

(二)外貌特征

盐津乌骨鸡体型较大,近方形,头尾翘立,腿较高,结构匀称,羽毛紧凑,肌肉良好。

头大小适中,平头,单冠直立,质地细致,胸部发育良好,双翅紧收,多无胫羽,羽毛黑色的占绝大多数,其次有麻黄、灰、黄、白、红等色。皮肤、脸、冠、肉垂和耳叶均为乌色,喙、胫、趾为乌黑色。

(三)体重、体尺

对成年盐津乌骨鸡体重和体尺测定结果见表 2-50。

表 2-50　成年盐津乌骨鸡体重和体尺测定结果

性别	体重(千克)	体斜长(厘米)	龙骨长(厘米)	胸深(厘米)	胸宽(厘米)	骨盆宽(厘米)	胫长(厘米)
公鸡	3.18	22.50	12.75	11.25	9.00	11.75	13.60
母鸡	2.20	18.88	10.88	10.11	7.31	8.72	10.46

(四)产蛋性能

年产蛋120～160枚,最高的可达190枚,平均蛋重56.71克。

(五)产肉性能

成年公鸡全净膛屠宰率78.2%;成年母鸡为73.2%。

(六)繁殖性能

性成熟较早,公、母配种比例为1:13,利用年限公鸡1～2岁,母鸡2～3岁,每窝孵蛋12～14枚,一般孵化率80%。该鸡的就巢性强,1年内可达5～6次。

(七)饲养管理特点

善觅食,宜放牧,多数农户以舍饲为主,由于河谷密布,成天然屏障,很少有传染病发生。

三十二、略阳鸡

(一)育成概况

在陕西省汉中市勉县出土的东汉至南汉时期的陪葬品中,有大量陶鸡瓷器。其中有雏鸡、成年鸡和带雏母鸡,形态多样,彩陶公鸡羽毛绚丽,体格魁梧。

养鸡是农民的重要家庭副业,所以群众惯于选择生长快、体型大的公鸡做种,并选用大型鸡的蛋入孵。当地群众还惯用乌皮鸡与中药炖食滋补身体,因此,多喜欢饲养乌皮鸡。营养丰富,群众重视选种,是形成本鸡种的两大因素。

略阳鸡产于陕西省秦岭以南的略阳、勉县、宁强、城固、洋县、西乡诸县的山区和丘陵区，以略阳县和勉县的鸡种为最优，总数约30万只。

（二）外貌特征

体躯略偏长，胸部较宽，羽毛较松；多为单冠，玫瑰冠少，冠色有黑色、紫红色和红色，肉垂颜色与冠色一致；虹膜多为栗色和黑色；喙黑色稍弯曲；胫为乌色，少数鸡有胫毛；皮肤有白和乌两种；公鸡羽色有黑色、红色、白色3种，颈羽鞍羽富有光泽，镰羽发达，除白羽鸡外，均为黑色；母鸡羽毛颜色复杂，以黑色、麻色、白色为主；尾羽较短。雏鸡绒毛有黑、麻、白、灰等色，麻色鸡背部绒毛有2～3条黑褐色线条。

（三）体重、体尺

据对301只成年鸡的测定，其体重和体尺见表2-51。

表2-51　成年略阳鸡体重和体尺测定结果

性别	只数	体重（千克）	体斜长（厘米）	龙骨长（厘米）	胸深（厘米）	胸宽（厘米）	骨盆宽（厘米）	胫长（厘米）
公鸡	50	2.78±0.06	23.75±0.27	14.22±0.32	11.27±0.26	8.75±0.17	9.71±0.15	11.98±0.26
母鸡	311	2.46±0.07	21.34±0.10	11.80±0.11	10.80±0.10	8.17±0.07	9.06±0.25	9.65±0.07

（四）产蛋性能

500日龄平均产蛋73枚，最多100枚，最少43枚，多集中于2～7月份。

测定797枚蛋，平均蛋重60.01克（51.5～79.8克，个别达108克）。蛋壳厚度平均0.355毫米（0.25～0.45毫米）。蛋壳颜色褐色最多，白色、青色次之。蛋横径平均5.794厘米，纵径平均4.313厘米，蛋形指数为1.337。

据对62枚蛋测定，蛋黄平均重19.2克，占32.9%，蛋白重33.3克，占57.1%，蛋壳重5.8克，占10%。

(五)产肉性能

据测定，在网养，料、水不限量，饲料营养水平粗蛋白质为19.42%、代谢能2 714兆焦/千克的条件下，90、120、150、180日龄增重的饲料报酬分别为3.27∶1、3.82∶1、4.30∶1、4.76∶1。生长速度见表2-52。

表2-52 略阳鸡生长速度 (单位:克)

只数	初生雏	30日龄	60日龄		90日龄		120日龄		150日龄		180日龄	
			公	母	公	母	公	母	公	母	公	母
252	39.3	189	617	546	1225	1009	1788	1375	2402	1679	2759	1937

略阳鸡肉细嫩，味鲜香，母鸡肉最佳。皮下脂肪少，煮熟后仍皮肉相连。胸肌和大腿肌发达，肌纤维较细，直径平均28.64微米。120日龄和180日龄试验鸡的屠宰测定结果见表2-53。

表2-53 略阳鸡屠宰测定结果 (单位:克)

日龄	性别	只数	活重	胴体重	半净膛		全净膛		胸肌(带骨)大腿(带骨)	
					重	%	重	%	重	%
120	公	23	1734	1536	1484	85.6	1395	80.4	698	50.1
	母	10	1370	1257	1127	82.3	1054	77.0	567	50.0
180	公	5	2475	2229	2130	86.1	2005	81.0	1003	53.7
	母	10	1696	1577	1474	86.9	1400	82.5	705	50.4

(六)繁殖性能

公鸡开啼多数在120日龄左右,最早66日龄,最迟180日龄;母鸡平均240日龄开产,最早144日龄,最迟280日龄。公、母鸡在性成熟后,体重仍在增加。

据调查44只母鸡,一般每次就巢时间23天,少数母鸡6天左右;个别达30天之久。

农村养公母鸡无严格比例,一般1只公鸡配10只母鸡。2000年4月在农村购买1911枚蛋,受精率79.3%,孵化率77.7%。农民用抱窝母鸡孵化,孵化率较高,调查57窝,每窝上蛋12~13枚,孵化率53.3%~100%,孵化天数为21.5~23天。

2000年春饲养392只雏鸡,采用地上火炉给温,30日龄成活率75%。农民用抱窝母鸡带小鸡,育雏率高,调查45窝,30日龄育雏率86.7%。

(七)饲养管理特点

1. 适应山区饲养 略阳鸡多年来在山区饲养,适应于气候干燥的环境,因此,在饲养方法上尽量采用山区饲养的模式。

2. 加强资源保护 略阳鸡具有乌皮、乌骨、乌肉的特征,当地农民已对略阳鸡经过多年的选育,但在皮肤、骨头的黑度上有所差异,因此,对略阳鸡乌骨的选择要采取科学的育种方法,分别建立育种场和保种场,培育出优良的鸡种,并保护略阳鸡的遗传多样性。

(八)供种单位简介

略阳鸡是地方优良鸡种,具有体大、屠宰率高、大腿和胸肌较发达、肉质好等特点,属肉用型鸡种。略阳鸡体大肉多,是我国目前最大的乌皮鸡种。为了保存其优良特性,今后在生产区应做好保种工作。同时国家应建场选育提高。在非保种区,也可以引进良种鸡进行杂交改良,以提高其产肉性能。

三十三、乌蒙乌骨鸡

(一)育成概况

乌蒙乌骨鸡是贵州省毕节地区畜牧科研所采用本地乌骨鸡为素材,经过严格系统选育而成。该鸡原产于毕节地区织金等县,从1993年开始,毕节畜牧科研所组织科技人员对该鸡进行提纯、复壮后,命名为乌蒙乌骨鸡。经养殖户的饲养证明,乌蒙乌骨鸡生长速度快,抗病力强,性成熟早,料肉比低,饲养效益好,深受广大养殖户的好评。

(二)外貌特征

乌蒙乌骨鸡外观主要特征为黑脚、胫短、单冠、皮肤乌黑,其乌性率褐羽和白羽分别为98%和94%;耳为绿色或灰白色,羽色为褐色和白色两种,羽色纯合度分别为94%和100%,且白色羽为隐性遗传。

(三)体重、体尺

初生褐羽鸡和白羽鸡体重分别为34.46克和37.88克,12周龄体重分别为970克和1 050克,20周龄体重分别为1 550克和1 700克,成年鸡体重分别为1 920克和2 150克。

(四)产蛋性能

5%产蛋周龄为22周,50%的产蛋周龄为25周;68周龄的产蛋数为148枚。平均产蛋率为48%,平均蛋重褐羽为56.16克、白羽为52.52克。哈氏单位褐羽为83.78、白羽为84.78。

（五）产肉性能

公鸡全净膛率褐羽为69.21%、白羽为68.76%，半净膛率褐羽为84.98%、白羽为86.87%；母鸡全净膛率褐羽为66.48%、白羽为68.02%，半净膛率褐羽为81.08%、白羽为80.07%。

（六）繁殖性能

平均25周龄开产，68周龄平均产蛋数为148枚。种蛋的平均受精率为93%，入孵蛋的平均孵化率为86%，68周龄产健雏数为90只；育雏期（42天）成活率92%，产蛋期成活率98%。

（七）供种单位简介

贵州省毕节畜牧科研所种鸡场是乌蒙乌骨鸡原种场。目前该场存栏祖代种鸡1 000余套，父母代种鸡1万套，年提供鸡苗120万只以上。

三十四、竹乡鸡

（一）育成概况

竹乡鸡主产于贵州省赤水市。因赤水市是全国有名的楠竹之乡，故由此而得名。赤水地区海拔221～1 644米，年平均温度18.1℃，年降水量1 309.6毫米，全年日照1 290小时，无霜期280～350天，属中亚热带温暖湿润气候。主要农作物有水稻、番薯、小麦和大豆等，农副产品及青绿饲料较为丰富，房前屋后多为竹林环荫，虫蚁、嫩草较多，是鸡放牧觅食的天然场地。当地群众素有饲养习惯，养鸡是其重要副业之一。在产区自然条件和农业生产条件的影响下,经当地人民长期选育,逐渐形成了为群众所喜爱的竹乡鸡。竹乡鸡体型较大,耐热,抗潮湿,耐粗饲,蛋品质好,屠宰率高,母鸡贮脂能力强,肉质鲜嫩等特点,属中型肉蛋兼用型地方鸡种。其乌骨鸡可做药用,经济价值较高。是产区群众喜爱的一个地方鸡种。从1993年开始,贵州大学家禽教研室与贵州省畜禽品种改良站共同立项对竹乡乌骨鸡进行了系统选育研究,现已育成竹乡黑羽乌骨鸡新品系和矮小型黑羽乌骨鸡新品系。

(二)外貌特征

竹乡鸡多为单冠平头,胸宽体深;背腰宽短,腹大,脚长短适中,体型呈方圆形,结构匀称,羽毛疏松。公鸡冠髯大而红润,母鸡头小而颈短。喙、胫以黑色为主,爪多灰色,虹膜橘黄色。羽毛多为黑色,麻黄色次之,少数有黄、黑麻及灰色。公鸡的背羽、项羽多带红色,尾羽黑色中带有墨绿色光泽。因鸡群中有部分鸡皆为乌黑色,耳垂紫黑,虹膜呈褐色或黑色,即毛、喙、髯、冠、舌、皮、骨、肉、趾、肛“十乌”特征,当地群众称之为乌骨鸡。

(三)体重、体尺

竹乡鸡生长速度较慢,出壳雏鸡体重35克,30日龄体重172.3克,90日龄公鸡体重827.7克,母鸡体重为710.1克。180日龄体重,公鸡2千克,母鸡1.8千克。成年公鸡体重2.3千克,母鸡2.1千克(表2-54,表2-55)。

表 2-54 竹乡鸡生长速度测定结果 （单位：只、克）

日龄	出雏	30 日龄	60 日龄	90 日龄		120 日龄		150 日龄		180 日龄		366 日龄以上	
				公	母	公	母	公	母	公	母	公	母
测定只数	206	201	198	174	190	172	182	153	173	122	170	63	494
平均体重	35.0	172	417	828	710.1	1200	1030	1600	1400	2000	1800	2300	2100

表 2-55 成年竹乡鸡体重和体尺测定结果

性别	体重（克）	体斜长（厘米）	胸深（厘米）	胸宽（厘米）	胸围（厘米）	龙骨长（厘米）	骨盆宽（厘米）	胫长（厘米）
公鸡	2350 ±510	23.25 ±2.05	11.97 ±1.22	7.9 ±0.94	33.0 ±3.55	12.7 ±1.65	8.75 ±1.01	11.7 ±1.37
母鸡	2090 ±380	21.1 ±1.36	11.3 ±1.36	7.2 ±0.76	32.2 ±2.33	11.1 ±0.97	8.14 ±0.75	9.8 ±1.0

（四）产蛋性能

竹乡鸡 5～6 月龄开啼，6～7 月龄开产。年平均产蛋 110～150 枚，蛋重 53.5 克。蛋壳以浅褐色为多，白色次之，壳厚 0.4 毫米，蛋形指数 1.30。蛋白高为 7.22 毫米，哈氏单位为 85.95。

（五）产肉性能

经屠宰测定，成年公鸡半净膛屠宰率为 80.24%，母鸡为 82.58%；全净膛屠宰率公鸡为 68.8%，母鸡为 73.18%。屠宰率较高，贮脂能力强，肉质细嫩，肉味鲜美。

(六)繁殖性能

种蛋受精率 90.3%,受精蛋孵化率 90% 以上,成活率为 81.4%。公、母鸡配种比例为 1:10~12。一般公鸡利用年限为1~2 年,母鸡 2~3 年。

(七)供种单位

贵州省赤水市畜牧局,详见附录。

三十五、矮脚鸡

(一)育成概况

矮脚鸡是贵州省富有特点的一个蛋肉兼用型地方优良鸡种。矮脚鸡具有生产性能较好,肉嫩味鲜,产蛋性能良好,适应性强和抗潮湿的特点。由于其胫特短,为国内少有。由于胫短、温驯,易于饲养管理,是当地群众喜爱的鸡种。

矮脚鸡主产于贵州省兴义市的捧鲊、七舍、仓更、泥凼等区,分布在兴仁、安龙、册亨等县。

产地位于贵州省西南端,地势切割较深,山谷纵横,气候垂直变化大,年平均气温 16℃~20℃,年平均降水量 1300 毫米,无霜期 240~300 天。农作物以水稻、玉米和小麦为主,豆类、薯类和青绿饲料充足。聚居在这里的布依、苗、汉各民族历来有养鸡的习惯。产区饲养矮脚鸡约有 200 多年的历史。

(二)外貌特征

矮脚鸡体躯匀称,体质结实,骨骼粗壮,羽毛松软紧贴,脚矮,整个体躯似匍匐地面。公鸡为红黄色羽毛,背、翅、胸、颈羽均为红橘黄色，主副翼羽、腹、尾羽均为黑翠绿色。单冠，耳、髯红色。眼大有神，虹膜橘黄色，喙短，背宽平，尾翘。母鸡以黄麻色为主，白色、黑麻色次之。喙、胫、爪为黑色，少数杂有黄色。

（三）体重、体尺

矮脚鸡出壳重36克，30日龄重205克，90日龄达714克。150日龄公鸡1.3千克，母鸡1.2千克；180日龄公鸡1.7千克，母鸡1.5千克，为成年鸡体重的89.16%。成年公鸡体重2.3千克，胫长6.5厘米，成年母鸡体重1.7千克，胫长5.9厘米。其他体尺见表2-56。

表2-56　成年矮脚鸡体尺和体重测定结果

性别	体重（克）	体斜长（厘米）	胸深（厘米）	胸宽（厘米）	胫围（厘米）	龙骨长（厘米）	骨盆宽（厘米）	胫长（厘米）
公鸡	2300 ±164	24.50 ±1.80	10.80 ±0.74	7.00 ±0.55	5.30 ±0.73	11.40 ±0.74	8.90 ±0.23	6.50 ±0.44
母鸡	1700 ±256	20.60 ±1.57	8.90 ±0.84	6.70 ±0.76	4.20 ±0.53	10.10 ±0.88	7.70 ±0.53	5.90 ±0.53

（四）产蛋性能

在农村散养条件下，5～6月龄性成熟。当年春孵，当年开产。据产区调查，年产蛋120～150枚，高的可达180枚。平均蛋重48克，蛋壳厚度0.2毫米。蛋呈椭圆形，蛋壳白色。哈氏单位为81.8。

（五）产肉性能

公、母鸡半净膛屠宰率分别为83.4%和82.5%；全净膛屠宰率分别为74.4%和72.5%。鸡的肉质好，富含多种氨基酸。

(六)繁殖性能

矮脚鸡的种蛋受精率95.6%;孵化率81%以上。公、母配种比例为1∶10~12,种公鸡利用年限为2~3年,种母鸡利用年限为3年。

(七)供种单位简介

贵州大学科研种鸡场即原贵州农学院科研种鸡场,是学校的教学、实习、实训和科研基地。先后育成了蛋肉兼用鸡种“贵州黄”、“黔黄”、“兴黔黄”配套系黄羽肉鸡和地方矮小鸡的保留选育提高,并向全省80余个县市及相邻省(区)推广。是贵州省首批获种畜禽生产许可证的单位。

三十六、黔东南小香鸡

(一)育成概况

黔东南小香鸡是贵州省东南部的小型肉蛋兼用型鸡种。具有体型小、耐粗饲、耐热、耐湿、觅食力和适应性强,耗料少,肉质鲜嫩,肉质鲜美等特点。

黔东南小香鸡主产于贵州省从江、榕江、黎平和锦屏等县,邻近的天柱、剑河、雷山和台江等县亦有分布。

产区地处云贵高原向湘西丘陵和广西丘陵过渡的低中山斜坡地带。海拔137~1 670米,相对高差大,气候、植被垂直差异显著,属亚热带湿润气候,年平均气温17.4℃,日照1 293.6小时,无霜期270~331.9天,相对湿度80%~83%,降水量1 234.6毫米。交通闭塞,经济文化落后。聚居在这里的侗、汉、苗、瑶等15个民族尚存在刀耕火种的原始耕作方式,粮食产量很低,饲料贫乏,饲养的鸡群,昼多出牧于疏林杂草丛生之地,任其觅食,夜则栖息于楼脚、畜圈。在这样长期的自然和社会经济条件影响下,逐步形成体型小、耗料少、易饲养、能走善飞、行动敏捷、生活力强等特点。

(二)外貌特征

黔东南小香鸡体型小,结构匀称,羽毛紧密。头较小,平头单冠,虹膜橘红色,耳垂红色,皮肤白色,喙黑褐色,胫、爪灰色。母鸡全身羽毛多为黄麻色,兼有黑色(占总数的 5.7%)和花色。公鸡全身羽毛赤红色,冠高,髯大,呈鲜红色,尾羽发达,呈墨绿色。

(三)体重、体尺

黔东南小香鸡生长发育较慢。出壳雏鸡重 24.7 克;30 日龄重 98.1 克;90 日龄重:公鸡 440.4 克,母鸡 346.4 克;180 日龄体重:公鸡 893.04 克,为成年鸡体重的 64.7%,母鸡 849.6 克,为成年鸡体重的 66.5%。成年公鸡体重 1.4 千克,成年母鸡体重 1.3 千克。其生长发育和成年体重和体尺见表 2-57、表 2-58。

表 2-57　黔东南小香鸡生长速度测定结果　(单位:克)

日龄	出雏	30日龄	60日龄		90日龄		120日龄		150日龄		180日龄		366日龄以上	
			公鸡	母鸡	公鸡	母鸡	公鸡	母鸡	公鸡	母鸡	公鸡	母鸡	公鸡	母鸡
测定只数	126	54	58	91	14	38	28	40	31	58	41	80	33	167
平均体重	24.7±3.8	98.1±20.1	147.4±35.5	136.0±30.5	440.4±74.4	346.4±75.3	495.2±86.9	509.4±81.6	715.1±93.7	620.8±89.1	893.0±90.9	849.7±94.2	1400±197	1300±218

表 2-58 成年黔东南小香鸡体重和体尺测定结果

项 目	公 鸡	母 鸡
体重(克)	1380±197	1280±330
体斜长(厘米)	14.10±1.94	14.10±1.50
胸深(厘米)	9.60±1.22	9.20±0.98
胸宽(厘米)	4.90±1.10	4.60±0.80
龙骨长(厘米)	8.90±1.10	8.40±0.70
骨盆宽(厘米)	4.40±1.10	4.70±1.20
胫长(厘米)	8.60±0.90	7.40±0.90

(四)产蛋性能

在农村饲养条件下,年平均产蛋 68～80 枚,蛋重 38.2 克。蛋壳呈浅棕色,蛋壳厚度为 0.3 毫米,蛋型椭圆形,蛋形指数为 1.35。蛋品质良好。

(五)产肉性能

经测定,半净膛屠宰率:公鸡为 70.6%,母鸡为 71.8%;全净膛屠宰率:公鸡为 63.6%,母鸡为 64.4%。肉质细嫩,肉味鲜美。

(六)繁殖性能

50%开产日龄为 132～145 天,就巢性较强,种蛋受精率 90%～95%,受精蛋孵化率 85%～90%,健雏率 95%以上,6 周龄育雏成活率 95%～98%。

(七)供种单位简介

贵州省畜牧兽医研究所现有小香鸡纯繁核心种群 400 套,杂优配套种鸡群 1 300 套,可为养殖者提供纯繁原种和杂优商品鸡雏,并提供成熟的养殖配套生产技术。

三十七、威宁鸡

(一)育成概述

威宁鸡是贵州省西部威宁彝族回族苗族自治县的一个地方优良鸡种。其饲养管理粗放,耐粗饲,抗寒,抗潮湿,能走善奔,肉质鲜美,蛋大壳厚,蛋黄品质良好,雏鸡对白痢有较强的抵抗力,属中型蛋肉兼用型鸡种。主产于威宁县西北部的大街和龙街两个区,相邻的区、乡和水城、赫章等县特区也有分布。其产区位于云贵高原乌蒙山脉东延部,属贵州高寒山区,平均海拔 2 400 米,年平均温度为 9℃,降水量 1 113 毫米,年日照 1 606 小时,无霜期 120 天。具有冬春易旱,夏秋多雨,低温多雾,四季不明显等气候特点。土壤为黄壤和棕黄壤。农作物有玉米、洋芋、燕麦、荞麦和豆类等。由于居住分散,房前屋后,空闲草地较宽,又多灌木丛林,宜于鸡只放养自由觅食昆虫、杂草及草籽等动植物饲料,加之养鸡省劳力,不需大量投资,因此,养鸡成为当地的重要家庭副业。

(二)外貌特征

威宁鸡体质结实,结构匀称,骨骼粗壮,羽毛紧密。公鸡为红黄色羽毛,颈、胸、背、翅羽为棕红色,主副翼羽和腹、尾羽为黑色。母鸡以黄麻色居多,黑麻色次之,少数有黑色和杂花色。公鸡单冠直立,有 5～7 个冠齿;母鸡单冠间有凤头,也有少数玫瑰冠。冠髯和耳较大而红润,眼大有神,虹膜橘黄色,喙粗短为黑色。体稍长,背腰宽平。母鸡腹部绒羽发达。公鸡腿高粗壮,母鸡腿长短适中,胫部间有距毛。胫、爪为黑色。

(三)体重、体尺

威宁鸡早期生长发育较慢,出壳重33.16克,30日龄重222.12克,60日龄重432.64克。90日龄公鸡重970.88克,母鸡重850.75克。180日龄公鸡重1 700克,为成年鸡体重的73.55%;母鸡重1 500克,为成年鸡体重的75.6%。成年威宁鸡体重和体尺测定结果见表2-59。

表2-59 成年威宁鸡体重和体尺测定结果

项 目	公 鸡	母 鸡
体重(克)	2400±410	1900±330
体斜长(厘米)	25.40±1.89	22.30±1.42
胸深(厘米)	11.90±1.39	10.60±1.12
胸宽(厘米)	8.00±0.95	7.20±0.87
胸围(厘米)	34.20±2.73	30.80±2.37
龙骨长(厘米)	13.20±1.38	11.20±0.88
骨盆宽(厘米)	9.40±1.05	8.40±0.88
胫长(厘米)	12.70±1.23	10.30±0.84

(四)产蛋性能

在农村家庭放养条件下,8~10月龄性成熟,春孵母鸡大部分在翌年春节前后开产,年产蛋量75~120枚。蛋形椭圆形,蛋壳多为白色。平均蛋重54.6克。蛋品质较好,蛋黄为深橘黄色,哈氏单位为85.6。

(五)产肉性能

据1982年屠宰测定,公、母鸡的半净膛屠宰率为81.24%和

72.42%,全净膛屠宰率为70.45%和65.52%。肉质良好,肉味鲜美。

(六)繁殖性能

母鸡就巢性强,平均每次就巢持续期为27天,最长达139天。公、母鸡配种比例1:10~15。一般利用年限为1~2年,优良的种公鸡和母鸡可利用2~3年。种蛋受精率90.7%以上;孵化率为85%以上;成活率90%以上。

(七)供种单位

贵州省毕节地区畜禽品种改良站。

第三章 我国培育的良种肉鸡

随着优质肉鸡市场需求的迅猛扩大,我国自己培育的优质肉鸡的品种与配套系也如雨后春笋般地发展起来。这些品种中的一部分,已通过国家级或地方有关部门的验收与鉴定。还有一些正在培育,且已占有较大的市场份额。

我国培育的品种或配套系,有的是在引进国外鸡种的基础上,通过多年选育而培育成功的;有一些则是用国外引进品种(或品系)为亲本,与国内的优良鸡种杂交配套而育成的;还有一些则是以国内的鸡种为素材,通过选择、组配而形成的。虽然各配套系的亲本来源不同,但能在相对较短的时间内,推出许多各具特色的配套品种,对于我国优质肉鸡的快速发展,起到了显著的推进作用。

当然,由于时间、条件与育种设施的局限,我国所培育的不少鸡种(或配套系)还存在着不够成熟等一些缺点,尤其是在纯系培育方面还有待努力。但我们相信,这一部分鸡种,在未来优质肉鸡的生产中,肯定会起到重要的作用。

一、艾维茵

(一)品种概况

艾维茵(Avian)最早是美国艾维茵国际家禽有限公司培育的白羽肉鸡良种。1986年,由北京大发畜产公司、美国的艾维茵公司和泰国正大集团三方合资,成立了“北京家禽育种有限公司”专门从事艾维茵肉鸡的选育提高工作。自1987年引进原种后进行选育。1988年开始,向国内、外市场提供祖代和父母代种鸡。

目前，该鸡种在我国的肉用仔鸡市场中约占有50%的份额。经过近几年的精心选育，在2001年，已正式推出了“北京艾维茵2000”新品系，近期内还将推出“北京艾维茵2024”大胸型新品系，将会在我国肉用仔鸡业中发挥更大的作用。

（二）品种特性

艾维茵鸡是由增重快、成活率高的父系和产蛋量高的母系杂交选育而成。其特点是繁殖力强，抗逆性强，死淘率低，从父母代的入舍母鸡中能得到较多的健壮后代。该品种的肉仔鸡增重快、饲料转化率高，成活率高，胴体美观，羽根细小，皮肤黄色，肉质细嫩，适于各种方法烹调、加工。近10年来的育种进展见表3-1。

表3-1 艾维茵种鸡近10年来的育种进展

项　目		1991年	2002年
父母代种母鸡	5%产蛋率周龄（周）	25～26	25～26
	产蛋高峰周龄（周）	32～33	31～32
	高峰产蛋率（%）	85	86
	产蛋41周龄平均产蛋数（枚）	186.5	187
	其中产种蛋数（枚）	176.5	176
	从中产雏数（只）	151	153
	产蛋期内平均孵化率（%）	85.6	87
	产蛋期存活率（%）	90～93	88～90
商品鸡	5周龄活重（千克）	1.425	1.670
	5周龄的料肉比	1.72	1.68
	6周龄活重（千克）	1.859	2.180
	6周龄的料肉比	1.85	1.84
	8周龄的活重（千克）	2.722	3.150
	8周龄的料肉比	2.12	2.12

数据表明，近10年来，艾维茵种鸡的产蛋高峰提前，繁殖力有一定提高，商品肉鸡的增重显著提高，饲料转化率也有所改善。

（三）生长发育参数

艾维茵种鸡育成期的标准体重和饲喂量见表3-2。

表3-2　艾维茵种鸡的生长发育参数

周龄	体重（千克）		饲喂量		饲喂方式
	公鸡	母鸡	公鸡（累计千克/只）	母鸡（克/只·日）	
1～3	—	—	自由采食	自由采食	全天饲喂
4	0.68	0.5～0.625	1.5	50	每天限饲
6	0.94	0.66～0.805	2.6	62	5～12周隔日限饲
8	1.20	0.835～0.985	3.8	65	
10	1.42	1.015～1.165	5.2	71	
12	1.64	1.195～1.345	6.5	76	
14	1.86	1.375～1.525	8.1	82	13～19周每周喂料5天，禁料2天
16	2.08	1.555～1.705	9.7	87	
19	2.41	1.826～1.975	12.2	96	
21	2.95	2.165～2.315	14.1	105	20～24周，每日限饲
24	3.49	2.57～2.72	17.0	125	

注：该表数据，适于公、母分群饲养

（四）肉用仔鸡生产性能

在公、母混养的条件下，艾维茵肉用仔鸡表现良好的生长性能见表3-3。

表 3-3 艾维茵商品代生产性能

周龄	体重(千克)	耗料(千克/只)	料肉比(x:1)
3	0.679	0.964	1.42
5	1.425	2.525	1.72
6	1.859	3.439	1.85
7	2.287	4.505	1.97
8	2.722	5.771	2.12
9	3.147	7.238	2.30

(五)供种单位简介

1. 北京家禽育种有限公司 公司网址://www.Beijing-AVIAN.com。

2. 吉林德大有限公司 该公司是我国最大的肉鸡企业之一,除自己生产以外,每年约有 50 万套父母代种雏可以对外供种。

二、新兴黄肉鸡配套系

(一)新兴黄鸡Ⅱ号

1. 育成概况 新兴黄鸡Ⅱ号肉鸡配套系是由广东温氏食品集团有限公司南方家禽育种有限公司育成的。该公司从 1992 年开始,利用新兴本地土杂鸡、石岐杂鸡、“882”商品代鸡的相互杂交合成的鸡为素材,经闭锁选育提高而育成了新兴黄鸡Ⅱ号肉鸡配套系的父系 N201 品系,该系为黄羽;利用石岐杂鸡和以色列隐性白鸡的杂交鸡为素材育成了新兴黄鸡Ⅱ号肉鸡配套系的母系 N202 品系,再经二系杂交而育成了两元杂交配套的新兴黄鸡Ⅱ号肉鸡配套系,并通过了国家级品种审定。其杂交配套结构如图 3-1

所示。

纯　系：　N201♂ × N201♀　　N202♂ × N202♀
　　　　　　　↓　　　　　　　　↓
父母代：　　N201♂　　×　　N202♀
　　　　　　　　　　↓
商品代：　　新兴黄鸡Ⅱ号肉鸡

图 3-1　新兴黄鸡Ⅱ号杂交配套结构示意图

2. 外貌特征

(1)父母代外貌特征

①父本 N201 品系　为新兴本地土杂鸡、广东粤黄鸡、"882"商品鸡杂交选育而成,具有三黄特征,体型团圆,红色单冠直立,体质健壮,性情温驯,肌肉丰满,在尾羽、鞍羽、颈羽和主翼羽处有轻度黑羽,为慢羽品系。

②母本 N202 品系　为石岐杂鸡与隐性白的杂交纯繁后代,具有三黄特征,红色单冠直立,体质健壮,性情温驯,肌肉丰满,在尾羽、鞍羽、颈羽、主翼羽处有轻度黑羽,为慢羽品系。

(2)商品代肉鸡外貌特征

①公鸡　红色单冠,金黄色羽毛,尾羽和主翼羽处有轻度黑羽,胸宽,体型团圆,皮黄,胫黄。

②母鸡　红色单冠,三黄特征明显,体型团圆,在尾羽、鞍羽、颈羽和主翼羽处有轻度黑羽。

3. 生产性能

(1)父母代种鸡生长发育指标　见表 3-4。

表 3-4　新兴黄鸡Ⅱ号父母代种鸡育成期体重及耗料标准

周龄	公鸡		母鸡	
	周末体重（克）	喂料量（克/只·日）	周末体重（克）	喂料量（克/只·日）
1～7	—	自由采食	1～6周	自由采食
8	980	52	790	41
10	1170	56	975	47
12	1340	64	1150	54
14	1590	72	1290	63
16	1780	76	1435	66
18	1970	81	1620	76
20	2250	93	1820	86
21	2400	95	1920	92
22	2560	97	—	—

(2)父母代种鸡主要生产性能

①父母代种鸡主要生产性能　见表 3-5。

表 3-5　新兴黄鸡Ⅱ号父母代种鸡主要生产性能

生产指标		生产性能
育雏育成期	成活率(1～24周龄)(%)	94～97
	耗料量(1～20周龄)(千克)	8.5～9.0

续表 3-5

生产指标		生产性能
产蛋期	开产周龄(5%)(周)	23
	开产体重(克)	2130
	高峰产蛋周(周)	28
	68 周龄入舍母鸡产蛋数(枚)	161
	68 周龄入舍母鸡产合格种蛋数(枚)	150
	68 周龄入舍母鸡产健雏数(只)	125
	68 周龄平均种蛋合格率(%)	92
	68 周龄平均受精率(%)	92
	68 周龄平均孵化率(%)	84
	68 周龄平均健雏率(%)	97
	68 周龄成活率(%)	90 ~ 95
	68 周龄母鸡体重(克)	2870

②父母代种鸡产蛋与耗料标准　见表 3-6。

表 3-6　新兴黄鸡Ⅱ号父母代种鸡产蛋标准与耗料

周龄	产蛋率(%)	日均耗料(克/只)	周末体重(克)
24	30	100	2200
28	80	130	2450
32	77	128	2600
36	75	125	2650
40	70	120	2750 ~ 2850
44	65	118	2750 ~ 2850
48	59	115	2750 ~ 2850
52	49	115	2850 ~ 2950
56	46	112	2850 ~ 2950

续表 3-6

周龄	产蛋率(%)	日均耗料(克/只)	周末体重(克)
60	45	112	2850~2950
64	43	110	2850~2950
68	42	100	2850~2950

(3)商品代鸡主要生产性能　见表 3-7。

表 3-7　新兴黄鸡Ⅱ号商品代生产性能

生产指标	公鸡	母鸡
出栏时间(天)	60	72
出栏体重(克)	1500	1500
出栏成活率(%)	98	98
出栏耗料比	1:2.1	1:3
56 日龄屠宰率(%)	90.57	90.78
56 日龄腹脂率(%)	2.39	4.38
56 日龄肉骨比(%)	21.83	17.83
91 日龄屠宰率(%)	—	90.35
91 日龄腹脂率(%)	—	5.53
91 日龄肉骨比(%)	—	14.86

4. 饲养管理要点

第一,新兴黄鸡Ⅱ号,在育成期限饲上有很高的要求。该鸡在6~11 周龄时,生长最快,最好能将其体重控制在标准范围内接近下限的程度;12~16 周龄鸡的消化力极强,很容易长脂肪,是限饲最严格阶段;17 周龄以后,由于生殖系统开始发育不宜限制太严,否则会造成性成熟的推迟,应按周料量的升幅投料。

第二,在产蛋初期应本着“先加料、后升蛋”的原则,实践证明,从开产到高峰这一期间，不用担心过量饲喂；高峰过后的减料也应该减到高峰料量的 15% ~ 18% 为宜。

(二)新兴矮脚黄

1. 育成概况 新兴矮脚黄肉鸡配套系是由广东温氏食品集团有限公司南方家禽育种有限公司育成的。公司从 1992 年开始，利用石岐杂鸡和法国新安康红矮脚鸡为素材，经杂交再回交分群后闭锁选育而成了新兴矮脚黄肉鸡配套系的父系 N301 品系，该系为矮小型黄羽；利用石岐杂鸡和以色列隐性白鸡的杂交鸡为素材育成了新兴矮脚黄肉鸡配套系的母系 N202 品系，再经二系杂交而育成了两元杂交配套的新兴矮脚黄肉鸡配套系，并通过了国家级品种审定。其杂交配套结构如图 3-2 所示。

纯　系：　N301♂ × N301♀　　　N202♂ × N202♀

↓　　　　　　　　↓

父母代：　N301♂　　×　　N202♀

↓

商品代：　新兴矮脚黄肉鸡

图 3-2　新兴矮脚黄肉鸡杂交配套结构示意图

2. 外貌特征

(1)父母代外貌特征

①父本 N301 品系　为石岐杂鸡与法国新安康红母鸡杂交纯繁后代，为矮小型品系，具有三黄特征(黄羽、黄皮肤、黄腿)，体型团圆，红色单冠直立，体质健壮，性情温驯，肌肉丰满，在尾羽、鞍羽、颈羽、主翼羽处有轻度黑羽，为快羽品系。

②母本 N202 品系　为石岐杂鸡与隐性白杂交纯繁后代，具有三黄特征，红色单冠直立，体质健壮，性情温驯，肌肉丰满，在尾羽、鞍羽、颈羽、主翼羽处有轻度黑羽，为慢羽品系。

(2)商品代肉鸡外貌特征

①公鸡　正常型，红色单冠，黄羽、尾羽和主翼羽有轻度黑羽，

胸宽,体型团圆,皮黄,胫黄。

②母鸡　矮小型,红色单冠,三黄特征明显,体型团圆,在尾羽、鞍羽、颈羽及主翼羽处有轻度黑羽。

3. 生产性能

(1)父母代种鸡生长发育指标　见表3-8。

表3-8　新兴矮脚黄父母代种鸡育成期体重及耗料标准

周龄	公鸡		母鸡	
	周末体重(克)	喂料量(克/只·日)	周末体重(克)	喂料量(克/只·日)
1～7	—	自由采食	1～4周	自由采食
8	800	52	790	41
10	950	54	975	47
12	1090	62	1150	54
14	1230	70	1290	63
16	1370	73	1435	66
18	1500	77	1620	76
20	1640	83	1820	86
21	1710	86	1920	92
22	1780	89	—	—

(2)父母代种鸡生产性能

①父母代种鸡生产性能　见表3-9。

表3-9　新兴矮脚黄父母代种鸡生产性能

生产指标		生产性能
育雏育成期	成活率(1～24周龄)(%)	94～97
	耗料量(1～20周龄)(千克)	8.5～9

续表 3-9

生产指标		生产性能
产蛋期	开产周龄(周)	23
	开产体重(克)	2130
	高峰产蛋周龄(周)	28
	68 周龄入舍母鸡产蛋数(枚)	161
	68 周龄入舍母鸡产合格种蛋数(枚)	150
	68 周龄入舍母鸡产健雏数(只)	125
	68 周龄平均种蛋合格率(%)	92
	68 周龄平均受精率(%)	92
	68 周龄平均孵化率(%)	84
	68 周龄平均健雏率(%)	97
	68 周龄成活率(%)	90～95
	68 周龄母鸡体重(克)	2870

②父母代种鸡产蛋与耗料标准　见表 3-10。

表 3-10　新兴矮脚黄父母代种鸡产蛋与耗料标准

周龄	产蛋率(%)	日均耗料(克/只)	周末体重(克)
24	30	100	2200
28	80	130	2450
32	77	128	2600
40	70	120	2750～2850
48	59	115	2750～2850
52	49	115	2850～2950
60	45	112	2850～2950
68	42	100	2850～2950

(3)商品代肉鸡生产性能 见表3-11。

表3-11 新兴矮脚黄商品代肉鸡生产性能

生产指标	公鸡	母鸡
出栏时间(天)	60	80
出栏体重(克)	1600	1400
出栏成活率(%)	98	98
出栏耗料比	1:2.1	1:3.3
56日龄屠宰率(%)	89.57	88.38
56日龄腹脂率(%)	2.37	4.18
56日龄肉骨比(%)	15.24	19.61
91日龄屠宰率(%)	—	89.29
91日龄腹脂率(%)	—	4.59
91日龄肉骨比(%)	—	16.03

4. 饲养管理要点 限制饲喂依然是种鸡饲养管理的关键技术环节。限饲期间必须与限制饮水和合理的光照制度相结合;建议在6~8日龄时断喙;全程笼养时,应适当提前限饲。限饲一般采用“五二”喂料法,但应根据鸡群的状况灵活运用多种措施。称重与分群也是重要环节。

(三)供种单位简介

广东温氏南方家禽育种有限公司是一家从事新兴黄鸡、新兴麻鸡、新兴乌骨鸡(竹丝鸡)、新兴白鸡遗传育种和科技推广的民企与大学合作的高科技经济实体。有35个纯系育种素材,采用二系或三系配套模式,向社会推出优良的新兴黄鸡系列:新兴黄鸡Ⅱ

号、新兴矮脚黄鸡、新兴麻鸡、新兴乌骨鸡、新兴隐性白鸡以及多个土鸡和仿土鸡鸡种。年推出父母代种鸡550万套，公司每天销售肉鸡60多万只、年销售量达2.25亿只。

三、康达尔黄鸡配套系

(一)康达尔128黄鸡配套系

1. 育成概况 康达尔128黄鸡配套系是由深圳康达尔养鸡有限公司育成的优质黄羽肉用型鸡。该公司是在广东石岐杂鸡的基础上，从其所建立的十余个黄鸡的品系基因库中，应用传统和现代育种技术相结合的方法，在初期采用随机交配、闭锁繁育和群体继代选育法，而后组建家系，对有利的基因进行重点选择。经过多年有针对性地对各个品系的经济性状选择，通过品系选育(每个品系由60~90个家系组成，保持5~8个世代连续的高选择压，留种率公鸡为1%~2%，留种母鸡为10%~15%)，在各个品系基本符合它自身的育种要求时，利用杂交优势理论，进行品系杂交配套筛选，经过筛选获得满足市场需求的三系配套生产的商品肉鸡配套组合——康达尔128黄鸡配套系。128配套系是最早通过国家家禽品种审定委员会审定通过的配套系。

康达尔128黄鸡配套系的配套模式见图3-3。

B♂ × R♀

↓

C♂ × BR♀

↓

CBR （黄鸡配套）

图3-3 康达尔128黄鸡杂交配套结构示意图

2. 外貌特征 属快大型黄羽肉鸡。具有毛黄、皮黄、脚黄的“三黄”特征，全身黄色羽毛，色度均匀。红色单冠，尾羽有4~6片黑羽,母鸡颈羽有少许黑色镶边。胸部发达,肌肉厚实。

3. 生产性能

(1)父母代生产性能　见表 3-12。

表 3-12　康达尔 128 黄鸡配套系父母代生产性能

类　别	128 黄鸡
开产周龄(周)	25
开产体重(千克)	2.0
68 周龄产蛋数(枚)	185
平均受精率(%)	93
入孵蛋孵化率(%)	86.5
68 周龄产苗数(只)	150
68 周龄饲料消耗(千克)	48

(2)商品代生产性能　见表 3-13。

表 3-13　康达尔 128 黄鸡配套系商品代鸡生产性能

生产性能	128 黄鸡	
	公	母
出栏日龄(天)	42～56	50～65
出栏率(%)	99.5	98
平均活重(千克)	1.5～1.8	1.5～2.0
肉料比(1:X)	2.0～2.1	2.1～2.3

(二)康达尔 338 麻鸡配套系

1. 育成概况　康达尔 338 麻鸡配套系是由深圳康达尔养鸡有限公司育成的优质麻羽肉用型鸡。该公司是在公司原有的黄羽鸡品系的基础上,导入麻羽基因,然后进行横交固定,打乱原有遗传结构，再进行选择，积累麻羽基因频率。选种采用家系选择和个体选择相结合的“平均指数选择法”，获得体型圆滚、早熟性好和抗病力强的麻鸡品系，后按完全双列杂交法，获得目标要求的三元杂交麻鸡配套系，简称338配套系，该产品深受深圳、香港市场的欢迎。

康达尔338麻鸡配套系的配套模式见图3-4。

G♂ × R♀

↓

N♂ × GR♀

↓

NGR （338麻鸡配套）

图3-4 康达尔338黄鸡杂交配套结构示意图

2. 外貌特征 属中速型麻羽肉鸡，具有皮黄、脚黄、毛黄中带麻的特征。单冠，尾羽基本为黑羽，全身羽毛基部为黄色，尖端带麻点。胫短，胸肌发达，体型圆滚及性成熟早。

3. 生产性能

(1)父母代生产性能 见表3-14。

表3-14 康达尔338麻鸡配套系父母代生产性能

生产性能	338麻鸡
开产周龄(周)	24
开产体重(千克)	2.2
68周产蛋数(枚)	180
平均受精率(%)	94
入孵蛋孵化率(%)	88.2
68周龄产苗数(只)	150
68周龄饲料消耗(千克)	46

(2)商品代生产性能 见表3-15。

表 3-15　康达尔 338 麻鸡配套系商品代生产性能

生产性能	338 麻鸡	
	公	母
出栏日龄(天)	65～80	85～95
出栏率(%)	99	98
平均活重(千克)	1.6～2.0	1.8～2.1
肉料比(1∶X)	2.3～2.5	2.4～2.6

(三)饲养管理特点

第一,建议种鸡在 6 周龄时开始限饲,饲喂量应为自由采食量的 70%～80%。限饲期间保证鸡群的均匀度是种鸡全程生产中的最重要环节。

第二,对种公鸡应在初生时剪趾断喙。种鸡场应适当多养一些备用种公鸡,以及时更替被淘汰的公鸡,在补充新公鸡时应在晚间无光照的情况下进行,以避免公鸡争群序的打斗。

第三,最好实行公母分饲,种公鸡用粗蛋白质含量较低的日粮,可节约饲料费用。

(四)供种单位简介

深圳康达尔养鸡有限公司主要产品是黄羽种鸡、鸡苗和肉鸡。公司有年产 5000 万只鸡苗的生产能力,每年向香港市场出口 380 万只活鸡。在香港市场上,康达尔黄鸡约占 65%的市场份额。拥有 1 个育种中心,2 个父母代种鸡场,7 个商品代肉鸡场,是全国具有一定规模的黄羽肉鸡家禽企业。现有主要品系有康达尔隐性白鸡(有芦花、非芦花)、康达尔黄鸡(快大型、中速型、优质型)、康达尔麻鸡(快大麻、中速麻)以及其他品系。目前,公司在“128”的基础上推出了“228”、“328”、“338”新的配套系,使康达尔黄鸡向“高效、高产、优质”方向发展。几十年来,康达尔养鸡公司为社会提供康达尔黄鸡鸡苗5亿只,提供父母代种鸡1 000万套。

四、京星优质肉鸡配套系

(一)京星100配套系

1. 育成概况 京星100配套系由中国农业科学院畜牧研究所育成。中国农业科学院畜牧研究所1982年从法国引进的白波罗(White Broiler)父母代母鸡中发现含dw基因,以此为育种素材,选育成dw基因纯合型的隐性白羽D型矮洛克鸡,简称D系。1984年将D系与北京黄鸡(由北京油鸡和新汉县鸡杂交形成,含二者的血缘各50%)进行正反交,从杂交鸡中选出黄羽矮脚鸡进行横交固定。在1984～1989年的6个世代中侧交淘汰隐性白羽和杂色羽,提高黄羽比例,在筛选浅黄色羽的优良个体的同时,选育dw基因纯合型。自1990年开始进行系统的家系选育,至今已有12年的11个世代的选育提高过程,最终形成D_2系。在这期间利用D系又选育合成了增重速度快的D_3系和繁殖力高的D_4系。利用D_2、D_3和D_4系进行三元杂交配套组合育成了京星100配套系。

2. 外貌特征 矮小型,单冠,黄喙,全身黄羽,尾部有黑羽;黄脚,黄皮肤;体型丰满、紧凑,肌肉发达。羽毛完整,光泽度好,冠色红润。

3. 生产性能

(1)父母代种鸡生产性能 见表3-16。

表 3-16　京星 100 配套系父母代种鸡生产性能

生产指标		生产性能
育雏育成期	初生雏体重(克)	35.8±8.4
	6 周龄体重(克)	525.8±63.1
	成活率(1~20 周龄)(%)	94~97
	耗料量(1~20 周龄)(千克)	8.5~8.8
产蛋期	20 周龄体重(克)	♂:2407±154;♀:1600±143
	5%开产日龄(天)	154±7.5
	50%产蛋率周龄(周)	25
	66 周龄入舍母鸡产蛋数(枚)	183±18
	66 周龄入舍母鸡产合格种蛋数(枚)	174±16
	66 周龄平均受精率(%)	92~94
	66 周龄平均孵化率(%)	82~84
	66 周龄提供健雏数(只)	135~142
	21~66 周龄存活率(%)	92~95
	66 周龄母鸡体重(克)	2480~2500
	66 周龄母鸡累计耗料量(克)	31941

(2)商品代肉鸡生产性能　见表 3-17。

表 3-17 京星 100 配套系商品代肉鸡生产性能

生产指标	公鸡	母鸡
出栏时间(天)	60	80
出栏体重(克)	1500±99.6	1600±97.7
成活率(%)	98	97
耗料比	1:2.10	1:2.95
屠宰率(%)	90.1	90.3
腹脂率(%)	4.4	5.2
肉骨比(%)	14.3	11.4

(二)京星 102 配套系

1. 育成概况 京星 102 配套系是由中国农业科学院畜牧研究所育成的。中国农业科学院畜牧研究所 1982 年从法国引进的白波罗父母代母鸡中发现含 dw 基因,以此为育种素材,选育成 dw 基因纯合型的隐性白羽 D 型矮洛克鸡,简称 D 系。1984 年将 D 系与北京黄鸡进行正反交,从杂交鸡中选出黄羽矮脚鸡进行横交固定。在 1984~1989 年的 6 个世代中测交淘汰隐性白羽和杂色羽,提高黄羽比例,在筛选浅黄色羽的优良个体的同时,选育 dw 基因纯合型。自 1990 年开始进行系统的家系选育,利用 D 系通过引入外血,选育合成了增重速度快的 D_3 系。利用 D_3 系和引进品种海佩克、地方改良品种石岐杂鸡进行配套组合就形成了京星 102 配套系。

2. 外貌特征 正常型体型,单冠,黄喙,全身黄羽,尾和翅梢有黑羽;黄脚,黄皮肤;体型宽大,肌肉发达。羽毛被完整,光泽度好,冠色红润;脂肪沉积均匀,肉味浓郁。

3. 生产性能

(1)父母代种鸡生产性能　见表3-18。

表3-18　京星102配套系父母代种鸡生产性能

生产指标		生产性能
育雏育成期	初生雏体重(克)	39.3±12.9
	6周龄体重(克)	734.0±71.5
	成活率(1~20周龄)(%)	94~97
	耗料量(1~20周龄)(千克)	10~10.5
产蛋期	20周龄体重(克)	♂:2820±177;♀:1720±120
	5%开产日龄(天)	168±9
	50%产蛋率周龄(周)	26
	66周龄入舍母鸡产蛋数(枚)	163±22
	66周龄入舍母鸡产合格种蛋数(枚)	153
	66周龄平均受精率(%)	92~95
	66周龄平均孵化率(%)	83~85
	66周龄提供健雏数(只)	127~132
	21~66周龄存活率(%)	92~95
	66周龄母鸡体重(克)	2860~2900
	66周龄母鸡累计耗料量(克)	36964

(2)商品代肉鸡生产性能　见表3-19。

表3-19　京星102配套系商品代肉鸡生产性能

生产指标	公鸡	母鸡
出栏时间(天)	50	63
出栏体重(克)	1500±98	1680±87
成活率(%)	99	98
耗料比	1:2.03	1:2.38

续表 3-19

生产指标	公鸡	母鸡
屠宰率(%)	91.2	90.4
腹脂率(%)	4.34	4.48
肉骨比(%)	14.2	13.7

(三)饲养管理要点

第一,建议在 7~10 日龄对该鸡进行断喙。断喙前后 2~3 天内,饲料或饮水中应补充多维,并适当加厚料槽内饲料的厚度,以减少应激及有利于伤口的愈合。

第二,育成期每天喂料,一定要保证鸡的采食、饮水面积,从而保证鸡群体重的均匀度能达到 85%以上。这是保证以后最高产蛋率的重要因素。

第三,对种公鸡则要在 6~8 周龄和 13~15 周龄时进行两次选择,确保种公鸡的品质特性。

(四)供种单位简介

中国农业科学院畜牧研究所是国内最早开展黄羽肉鸡系统选育研究的单位之一,具有 20 多年的黄羽肉鸡育种研究和生产实践经验,先后培育出“京黄”肉鸡配套系、“京星”肉鸡配套系、宫廷黄肉鸡配套系以及石岐杂鸡快慢羽自别雌雄配套系,并开展了地方品种北京油鸡的保种选育工作。在开展育种研究的同时,畜牧研究所建立起了以北京为中心,辐射全国的我国北方地区黄羽肉鸡繁育推广体系。现存栏祖代种鸡近 2 万余套,每年可向社会提供父母代种鸡 80 余万套。

五、江村黄鸡系列

(一)江村黄鸡JH-2号配套系

1. 育成概况 江村黄鸡JH-2号配套系是广州市江丰实业有限公司(原广州市江村家禽企业发展公司)经过长期系统的纯系选育和品系杂交配套培育而成的黄羽肉鸡。公司从1985年开始利用香港石岐杂鸡和地方鸡种为素材,系统地开展了优质黄鸡的育种研究工作,1996年又根据国内育种需求从法国引入了隐性白羽纯种鸡做育种素材,开展江村黄鸡JH-2号配套系的育种工作。江村黄鸡JH-2号的选育,早期对各品系采用群体继代选育法,通过随机交配、闭锁繁育,对照符合品种特性的有利基因进行选择,逐步提高品种的整齐度和纯合性,然后开始组建基础群,成立家系,采用父系家系选育法,把家系和家系内选择相结合,通过对羽色、体型外貌、肉质风味的质量性状和繁殖性能、生长速度等数量性状的综合指数来选择,并根据市场和育种的要求,利用3系配套的制种方法,育成了三元杂交的江村黄鸡JH-2号(快速型)优质肉鸡配套系,并已通过国家家禽品种委员会的审定。

2. 外貌特征

(1)父母代种鸡 体型大呈方形,胸宽而深,生长速度快,繁殖性能好,体质健壮,性情温驯,肌肉丰满,黄羽,于尾羽、颈羽、翼羽有黑色,黄皮肤,黄腿,红色单冠且直立,蛋壳浅褐色。

(2)商品代肉鸡 其头部较小,单冠、冠红直立,嘴黄而短,体型较大呈方形。黄羽,于尾羽、颈羽、翼羽有少许黑色,被毛紧实。黄皮肤,黄腿,生长速度快,饲料报酬高,抗逆性强,整齐一致,肌肉丰满,屠宰率高,肉质细嫩,鸡味鲜美,皮下脂肪佳,是粤、港、澳制作白切鸡等名菜的优良品种。

3. 生产性能

(1)父母代种鸡生产性能 见表3-20。

表3-20 江村黄鸡JH-2号配套系父母代种鸡生产性能

项目		JH-2号
育雏育成阶段	成活率(1~20周龄)(%)	94~96
	1~20周龄耗料量(千克)	8.0~8.2
	20周龄母鸡体重(克)	1900~2050
产蛋阶段	5%产蛋率(周)	24~25
	50%产蛋率(周)	26~27
	产蛋高峰期(周)	28~31
	平均受精率(%)	92~94
	平均孵化率(%)	84~86
	66周龄入舍母鸡产蛋数(枚)	162~172
	66周龄入舍母鸡产种蛋数(枚)	149~160
	66周龄入舍母鸡产健雏数(只)	130~136
	成活率(21~66周龄)(%)	92~95
	66周龄母鸡体重(克)	3300~3400

(2)商品代肉鸡生产性能 见表3-21。

表3-21 江村黄鸡JH-2号配套系商品代肉鸡生产性能

饲养日龄(天)	56
56日龄成活率(%)	97~98
平均体重(克)	1358±95
饲料转换率(%)	2.33±0.10
屠宰率(%)	89.6

续表 3-21

半净膛率(%)	91.9
腹脂率(%)	3.45

(二)江村黄鸡 JH-3 号配套系

1. 育成概况 江村黄鸡 JH-3 号配套系是广州市江丰实业有限公司经过长期系统的纯系选育和品系杂交配套培育而成的黄羽肉鸡。并已通过国家家禽品种委员会的审定。

2. 外貌特征

(1)父母代种鸡 体型紧凑,抗逆性强,性情温驯,产蛋性能好,肉质佳,羽色纯黄一致,仅个别于尾羽、颈羽、主翼羽轻度黑色,黄皮肤,喙、腿黄色,红色单冠直立,蛋壳浅褐色。

(2)商品代肉鸡 身体呈方形,体型紧凑,肉质细嫩,鸡味鲜美,早成熟,抗逆性强。羽色纯黄一致,仅个别于尾羽、颈羽、主翼羽轻度黑色,黄皮肤,喙、腿黄色,红色单冠直立。

3. 生产性能

(1)父母代种鸡生产性能 见表 3-22。

表 3-22 江村黄鸡 JH-3 号父母代种鸡生产性能

项目		JH-3 号
育雏育成阶段	成活率(1~20 周龄)(%)	94~97
	1~20 周龄耗料量(千克)	7.9~8.1
	20 周龄母鸡体重(克)	1720~1850

续表 3-22

项　　目		JH-3 号
产蛋阶段	5%产蛋率(周)	22~23
	50%产蛋率(周)	24~25
	产蛋高峰期(周)	27~30
	平均受精率(%)	91~93
	平均孵化率(%)	84~86
	66 周龄入舍母鸡产蛋数(枚)	163~173
	66 周龄入舍母鸡产种蛋数(枚)	150~160
	66 周龄入舍母鸡产健雏数(只)	128~138
	成活率(21~66 周龄)(%)	92~95
	66 周龄母鸡体重(克)	2600~2700

(2)商品代肉鸡生产性能　见表 3-23。

表 3-23　江村黄鸡 JH-3 号商品代肉鸡生产性能

饲养日龄(天)	56
56 日龄成活率(%)	97~98
平均体重(克)	1300±91
饲料转换率(%)	2.35±0.11
屠宰率(%)	88.7
半净膛率(%)	92.3
腹脂率(%)	1.94

(三)江村黄鸡 JH-2A 号配套系

1. 育成概况　江村黄鸡 JH-2A 号配套系是广州市江丰实业有限公司经过长期系统的纯系选育和品系杂交配套培育而成的黄羽肉鸡。利用四系配套的制种方法，育成了四元杂交的江村黄鸡

JH-2A号(特快型)优质肉鸡配套系。

2. 外貌特征

(1)父母代种鸡　体型矮小紧凑,胫短(含dw基因),胸宽,节粮,繁殖性能好,性情温驯,肌肉丰满,黄羽,于尾羽、颈羽、翼羽有轻度黑色,黄皮肤,黄腿,红色单冠且直立,蛋壳浅褐色。

(2)商品代肉鸡　体型大呈方形,生长速度快,饲料报酬高,整齐一致,肌肉丰满,屠宰率高,黄羽,于尾羽、颈羽、翼羽有少许黑色,黄皮肤,黄腿,红色单冠直立。

3. 生产性能

(1)父母代种鸡生产性能　见表3-24。

表3-24　江村黄鸡JH-2A号配套系父母代种鸡生产性能

项　目		JH-2A号
育雏育成阶段	成活率(1~20周龄)(%)	94~96
	1~20周龄耗料量(千克)	6.3~6.6
	20周龄母鸡体重(克)	1530~1630
产蛋阶段	5%产蛋率(周)	22~23
	50%产蛋率(周)	24~26
	产蛋高峰期(周)	27~29
	平均受精率(%)	93~95
	平均孵化率(%)	85~86
	66周龄入舍母鸡产蛋数(枚)	190~200
	66周龄入舍母鸡产种蛋数(枚)	175~185
	66周龄入舍母鸡产健雏数(只)	151~160
	成活率(21~66周龄)(%)	92~95
	66周龄母鸡体重(克)	2300~2500

(2)商品代肉鸡生产性能　见表3-25。

表 3-25 江村黄鸡 JH-2A 号配套系商品代肉鸡生产性能

饲养日龄(天)	56
56 日龄成活率(%)	96~98
平均体重(克)	1701±145
饲料转换率(%)	2.1±0.15
屠宰率(%)	88.9
半净膛率(%)	90.1
腹脂率(%)	2.67

(四)饲养管理特点

第一,江村黄鸡在限制饲喂时,一般采用每天料水同时供给的办法,即在喂料的同时,也供给饮水,采食后 2 小时,停止供水,下午 2~4 时气温较高时,再供水 2 个小时,其他的时间也限制饮水。也可采用隔天饲喂法,即把两天的料量 1 次添加完,总的目的都是为了调控体重来实现持久的产蛋高峰。

第二,在江村黄鸡的商品鸡生产中,除应严格育雏前的准备工作和育雏期间的管理外,对该鸡的雏鸡还应特别注意开食与初饮的掌握,尤其是对运输路程较长,有脱水现象发生时,应适当限制或间歇给水,避免暴饮现象发生。开食时千万不能喂得太饱,否则,严重的会造成死亡。

(五)供种单位简介

广州市江丰实业有限公司是一家从事家禽繁育、孵化、饲养、饲料和饲料添加剂生产,家禽屠宰与深加工一体化的大型农业企业,公司属下有:金江原种场、江村黄鸡祖代、父母代种鸡场、绿色养殖基地等 10 个大型鸡场和 3 个大型现代化孵化厂,并建立了育种研究中心(基因库)和禽病防治研究室,形成了年产 32 万套祖代种鸡,200万套父母代种鸡,3000多万只优质黄鸡商品雏鸡和年出口近200万只肉鸡的生产规模。

六、岭南黄鸡配套系

(一)岭南黄鸡Ⅰ号配套系(中速型)

1. 育成概况 岭南黄鸡Ⅰ号配套系是广东省农业科学院畜牧研究所岭南家禽育种公司经过多年培育而成的黄羽肉鸡配套系。从1991年开始,利用不同的育种素材,结合常规育种方法和现代育种技术,通过对羽色、体型外貌、生长速度、繁殖力和肉质风味等性能的综合选择,选育得到正常型品系10个、矮小型肉鸡品系5个,通过对这些品系的配套利用研究,筛选出了岭南黄鸡Ⅰ号中速型的适合市场需求的配套系,并通过了国家家畜禽遗传资源管理委员会的品种审定。

岭南黄鸡Ⅰ号由三系配套而成。其配套模式为:$F \times E_1B$。其中F系是从1996年开始利用岭南黄鸡C系与红波罗鸡杂交后经横交固定而育成,E_1系是利用法国新安康红父母代母鸡与石岐杂鸡杂交于1991年分离后育成的,B系则来源于石岐杂鸡,从1991年开始进行闭锁繁育后育成。

2. 外貌特征

(1)父母代外貌特征

①父母代公鸡 为快羽,金黄羽,胸宽背直,单冠,胫较细,性成熟早。

②父母代母鸡 为快羽(母系可羽速自别雌雄,公鸡为慢羽,母鸡为快羽),矮脚,三黄,胸肌发达,体型浑圆,单冠,性成熟早,产蛋性能高,饲料消耗少,具有节粮、高产的特点。

(2)商品代外貌特征 为快羽,三黄,胸肌发达,胫较细,单冠,性成熟早,外貌特征优美、整齐度高、优质的特点。

3. 生产性能

(1)父母代种鸡生长发育参数　见表3-26。

表3-26　父母代种鸡限养参考体重(克)及喂料量(克/日·只)

周龄	公鸡		母鸡	
	体重	喂料量	体重	喂料量
7	1200	65	700	40
10	1600	75	900	45
12	1900	82	1000	50
14	2200	88	1080	54
16	2490	96	1160	58
18	2710	103	1240	62
20	2950	110	1320	66
22	3210	120	1450	75

(2)父母代种鸡生产性能　见表3-27。

表3-27　岭南黄鸡Ⅰ号配套系父母代种鸡生产性能

生产指标	生产性能
开产周龄(周)	23
开产体重(克)	1500
产蛋高峰周龄(周)	29～30
68周龄入舍母鸡产蛋数(枚)	185
产蛋期每枚蛋耗料(克/枚)	155
种蛋合格率(%)	96～98
平均受精率(%)	94
入孵蛋平均孵化率(%)	84

续表 3-27

生产指标	生产性能
育雏率(%)	95~98
68 周龄产健雏数(只)	140~145
产蛋期成活率(%)	93
68 周龄体重(克)	2050
68 周龄全期耗料量(千克/只)	39~40

(3)商品代鸡生产性能　见表 3-28。

表 3-28　岭南黄鸡Ⅰ号配套系商品代鸡生产性能

项　目	公　鸡	母　鸡
上市日龄(日)	56	70
上市体重(克)	1400	1500
饲料转化率	2.20:1	2.50:1
成活率(%)	98	98

(二)岭南黄鸡Ⅱ号配套系(快长型)

1. 育成概况　岭南黄鸡Ⅱ号配套系是广东省农业科学院畜牧研究所岭南家禽育种公司经过多年培育而成的黄羽肉鸡配套系。从 1986 年开始,利用不同的育种素材,结合常规育种方法和现代育种技术,通过对羽色、体型外貌、生长速度、繁殖力和肉质风味等性能的综合选择,选育得到正常型品系 10 个、矮小型肉鸡品系 5 个,通过对这些品系的配套利用研究,筛选出了岭南黄鸡Ⅱ号快长型的适合市场需求的配套系,并通过了国家家畜禽遗传资源管理委员会的品种认定。

岭南黄鸡Ⅱ号配套系由四系配套而成，其配套模式为 AF×DB，其中 A 系来源于以色列 Anak 父母代鸡，1986 年引进后经闭锁繁育而育成；F 系是从 1996 年开始利用岭南黄鸡 C 系与红波罗鸡杂交后经横交固定而育成；D 系则从 1989 年开始利用石岐杂公鸡与 Anak 母鸡杂交后经横交固定而育成；B 系来源于石岐杂鸡，从 1991 年开始进行闭锁繁育而育成。

2. 外貌特征

(1)父母代

①公鸡　为快羽，羽、胫、皮肤均为黄色，俗称“三黄”，胸宽背直，单冠，快长。

②母鸡　为慢羽，羽、胫、皮肤均为黄色，俗称“三黄”，体型呈楔形，单冠，性成熟早，蛋壳粉白色，生长速度中等，产蛋性能高。

(2)商品代　可羽速自别雌雄，公鸡为慢羽，母鸡为快羽，准确率达 99%以上。公鸡羽毛呈金黄色，母鸡全身羽毛黄色，部分鸡颈羽、主翼羽、尾羽为麻黄色。黄胫、黄皮肤，体型呈楔形，单冠，快长，早熟。具外貌特征优美、整齐度高、快长、优质的特点。

3. 生产性能

(1)父母代生长发育参数　见表 3-29。

表 3-29　父母代种鸡限养参考体重(克)及喂料量(克/日·只)

周龄	公鸡		母鸡	
	体重	喂料量	体重	喂料量
7	1250	68	800	56
10	1650	80	1080	62
12	1950	88	1260	66
14	2240	95	1420	70
16	2520	102	1570	74
18	2800	108	1700	78
20	3050	115	1850	82
22	3350	125	2030	90

(2)父母代种鸡生产性能　见表3-30。

表3-30　岭南黄鸡Ⅱ号配套系父母代种鸡生产性能

生产指标	生产性能
育雏率(%)	95～98
育成率(%)	95～98
开产周龄(周)	24
开产体重(克)	2350
产蛋高峰周龄(周)	30～31
68周龄入舍母鸡产蛋数(枚)	180
产蛋期每枚蛋耗料(克/枚)	225
种蛋合格率(%)	96～98
平均受精率(%)	92
入孵蛋平均孵化率(%)	80
68周龄产健雏数(只)	135～140
产蛋期成活率(%)	92～94
68周龄体重(克)	2800
68周龄全期耗料量(千克/只)	48～49

(3)商品代生产性能　见表3-31。

表3-31　岭南黄鸡Ⅱ号配套系商品代生产性能

项目	公鸡	母鸡
上市日龄(日)	50	56
上市体重(克)	1750	1500
饲料转化率	2.10:1	2.30:1
成活率(%)	98	98

(三)饲养管理要点

第一,岭南黄鸡种鸡在限制饲喂期间是采用“质”与“量”双限饲方法来实现控制体重的目的的,饲养者一定要按照其生长发育参数的要求进行管理。

第二,对后备种公鸡的选择,要排在6周龄与12周龄时进行,最后一次选择是在22周龄,这次选择要进行采精,检查精液品质,淘汰质量差的公鸡。但是,种公鸡的比例在育雏、育成和产蛋期内应为20%,15%和12%~14%为宜。

(四)供种单位简介

岭南黄鸡配套系培育单位是广东省农业科学院畜牧研究所岭南家禽育种公司。公司现饲养祖代种鸡5万套,父母代种鸡80万套,每年可向社会提供各种父母代种苗300万套,商品代鸡苗6000万只。

七、粤禽黄鸡

(一)育成概况

广东省家禽科学研究所和广东粤禽育种有限公司一直致力于我国家禽产业化开发。于20世纪70年代末,在国内率先引种、选育、改良和推广香港石岐杂鸡,奠定了当代中国黄鸡育种的物质基础;自80年代以来,在国内率先提出并组织研究优质黄鸡“北繁南养”产业化开发模式,并培育出国内第一个石岐杂类优质黄鸡快慢羽自别雌雄配套系,培育出优质高产高效的粤禽黄鸡配套系列,现拥有10多个高技术含量的粤禽黄鸡配套系(含黄羽、麻羽和黄麻圆滚型等多个系列),可根据不同的市场需求提供父母代和商品代种鸡。粤禽黄父母代种鸡产蛋多，耗料少，制种成本低，商品代肉鸡饲料利用率高，整齐一致，品质优良，初生雏快慢羽自别雌雄。

(二)外貌特征

粤禽黄有不同的配套系，每个配套系的外貌各有不同，粤禽黄快大型商品代，羽色黄色，腿粗壮有力，体型硕大，威武雄壮；中快型商品代羽色黄色，体型比快大型略小，羽毛光泽好；粤黄麻优质型商品代，羽色麻色，体型似草鸡。

(三)体重、饲喂标准与生产性能

1. 父母代母鸡育成期标准体重与喂饲量 见表3-32。

表3-32 粤禽黄鸡父母代母鸡育成期体重及饲喂标准

周龄	中快型父母代育成期		快大型父母代育成期	
	体重(克)	喂料量(克/天·只)	体重(克)	喂料量(克/天·只)
1~4	—	自由采食	—	自由采食
5~6	580~660	46	630~700	49
8	800	51	850	54
10	940	56	990	59
12	1090	61	1150	64
14	1250	66	1310	69
16	1410	71	1470	74
18	1570	76	1630	79
20	1730	81	1790	84

2. 产蛋性能 开产周龄：快大型为23周，中快型为22周，麻羽型为22周；开产体重：快大型为2 080克，中快型为1 900克，麻羽型为1 530克；开产高峰周龄：快大型为30~31周，中快型为

29～30周，麻羽型为29～30周；高峰期周平均产蛋率：快大型为85%，中快型为86%，麻羽型为78%；68周龄入舍母鸡产蛋数：快大型为198枚，中快型为206枚，麻羽型为150枚；68周龄入舍母鸡产苗数快大型为165只，中快型为171只，麻羽型为128只。

3. 产肉性能 快大型公鸡6周龄为1480克，母鸡1300克；中快型公鸡为7周龄1500克，母鸡8周龄为1450克；麻羽型公鸡9周龄为1260克，母鸡11周龄为1400克。

4. 繁殖性能 粤禽黄鸡各配套系受精率均在95%以上，入孵蛋孵化率在90%以上。

(四)饲养管理特点

1. 分群饲养 粤禽黄鸡有不同的配套系，每个配套系之间的体型有所差异，因此，个体养鸡户不能将不同配套系的商品鸡放在一起饲养，以防止大鸡欺小鸡。

2. 限制饲喂 每个配套系都有饲养程序，在饲养过程中每个品系应按各自配套系的标准实施。

(五)供种单位简介

广东粤禽育种有限公司，每年父母代生产量为260万套，商品代生产量为5000万套只，现推广到全国各地及印度尼西亚、马来西亚等东南亚国家。

八、新广黄鸡

(一)育成概况

新广黄鸡由佛山市新广畜牧发展有限公司应用现代先进的杂交配套育种技术，培育出的优质黄羽肉鸡品种，其祖代及父母代种鸡的配套系(父系)是选用广东黄鸡通过个体选育和家系选育而成,母系是引进最优良的肉鸡高产品种——以色列 Kabir 隐性肉用型种鸡,[新广优质黄(麻)鸡祖代母系]通过杂交、培育出生长快、高产优质、适销对路、抗逆性强的优质黄(麻)羽肉鸡 K90、K99,父母代种鸡(K90、K99)有两个品系,特点是:父母代种鸡产蛋性能高,节省饲料,抗逆性强,具有生长快,饲料报酬高,抗病力强的特点。

(二)外貌特征

父母代种鸡 K90 为黄羽系(黄羽、黄脚、黄喙),K99 为麻羽,商品代肉鸡脚短身圆,胸肌丰满,体型呈圆筒状,腿肌发达,体型中等。

(三)体重、饲喂标准与生产性能

1. 新广黄鸡父母代母鸡育成期的主要性状 见表 3-33。

表 3-33 新广黄鸡父母代母鸡育成期体重及饲喂标准

周龄	K90 父母代育成期		K99 父母代育成期	
	体重(克)	喂料量(克/天·只)	体重(克)	喂料量(克/天·只)
1~4	—	自由采食	—	自由采食
5~6	580~650	45	630~700	48
8	790	50	840	53
10	930	55	980	58
12	1080	60	1140	63
14	1240	65	1300	68
16	1400	70	1460	73
18	1560	75	1620	78
20	1720	80	1780	83

2. 产蛋性能 新广黄 K90、K99 平均开产周龄均为 24 周，平均开产体重分别为 2 100 克、2 150 克，50%产蛋周龄均为 27 周，产蛋高峰周龄均为 29 周，60 周龄产蛋总个数分别为 156 枚、158 枚。提供苗鸡数均为 126 只。

3. 产肉性能 新广黄 K90、K99 两个商品代 70 日龄公鸡平均体重分别为 1 650 克、1 750 克，母鸡分别为 1 250 克、1 350 克，公鸡饲料转化率分别为 2.35∶1、2.30∶1，母鸡分别为 2.55∶1、2.50∶1。

4. 繁殖性能 新广黄 K90、K99 平均受精率分别为 93%、92%，入孵蛋孵化率均为 87%。

(四)饲养管理特点

1. 加强运动 新广黄肉鸡生长速度较快，因此，必须加强运动，加速骨骼发育的速度，采用的方式可放养，或在运动场的空中吊上几捆青草，让其跳跃自由采食，以跳跃促进运动。

2. 分群饲养 由于两个配套的鸡种的体型大小有别，往往造成大鸡欺小鸡的现象，因此，两个品种要分开饲养，同时公母、大小也要分开饲养。

(五)供种单位简介

广东佛山新广畜牧公司已对两个配套系相关的亲本进行了系统的选育，并根据市场需求，组成了两个配套系在生产上应用，目前正在大面积推广。

九、墟岗黄鸡

(一)育成概况

广东省佛山市墟岗黄鸡畜牧有限公司与华南农业大学动物科

学系经多年技术合作，运用现代数量遗传学的育种实用技术，经过9年8个世代系统的选育，建立起以301品系为核心的墟岗黄鸡逐级繁育体系，为广东优质黄羽肉鸡的生产和发展做出了积极贡献。以301品系为核心配套生产的墟岗黄鸡306商品肉鸡，以三黄、生长快、体型毛色一致，脚细小，抗逆性强，饲料报酬高，早熟，冠脸鲜红，鸡味浓郁为特点。

（二）外貌特征

墟岗黄鸡的外貌以三黄为主要特征，即黄羽毛、黄喙、黄脚，体型外貌一致，脚细，鸡冠鲜红。

（三）体重、体尺

成年墟岗黄鸡体重和体尺测定结果见表3-34。

表3-34　成年墟岗黄鸡体重和体尺测定结果

性别	体重（克）	体斜长（厘米）	胸宽（厘米）	胸深（厘米）	骨盆宽（厘米）	胫长（厘米）
公鸡	2850 ±125	25.43 ±0.81	10.07 ±0.43	13.93 ±0.95	11.93 ±0.46	13.29 ±0.42
母鸡	2300 ±105	22.47 ±0.54	8.66 ±0.47	11.93 ±0.79	9.17 ±0.59	11.47 ±0.58

墟岗黄鸡306商品肉鸡生产配套模式见图3-5。

	母系	父系	
祖代：	301 品系群	品种 B 家系群	品种 C 家系群
	301 品系扩繁群	↓	↓
		后代♂ ×	后代♀
	↓	↓	
父母代：	后代♀ ×	F1♂	
	↓		
商品代：	306 商品肉鸡		

图 3-5 墟岗黄鸡 306 商品肉鸡生产配套模式

(四)产蛋性能

墟岗黄鸡平均开产日龄 23 周，开产体重 2 000 克，高峰产蛋率 85%，500 日龄平均产蛋 179 枚，500 日龄平均蛋重 54 克。

(五)产肉性能

墟岗黄鸡商品代生长速度，56 日龄体重公鸡为 1 400～1 600 克，母鸡 1 150～1 300 克。饲料转化率公鸡为 2.2～2.4:1，母鸡为 2.2～2.3:1。

(六)繁殖性能

种蛋受精率 93%以上，入孵蛋的孵化率 90%以上，42 日龄雏鸡存活率 97%以上。

(七)饲养管理特点

1. 限制饲喂 墟岗黄鸡容易沉积脂肪，因此，饲养种鸡时应按种鸡的饲养指南执行，严格进行限制饲喂。

2. 降低鸡舍的湿度 墟岗黄羽肉鸡采食量多，饮水相对也多，因此，鸡舍比较潮湿，容易引起球虫病的发生，饲养过程中要经常更换垫料，以降低鸡舍的湿度。

(八)供种单位简介

广东省佛山市墟岗黄鸡畜牧有限公司与华南农业大学动物科学系经多年技术合作,对墟岗黄鸡的祖代进行了多世代的系统选育,提高了种鸡的产蛋量和生长速度,并组成了配套系在生产上应用。

十、苏禽黄鸡

(一)育成概况

苏禽黄鸡是江苏省家禽科学研究所培育成的优质黄鸡品种,为满足不同区域、不同市场对黄鸡的消费需求,培育了苏禽黄鸡快大型、优质型、青脚型3个配套系。

(二)外貌特征

1. 快大型 快大型集黄羽鸡特点于一体,羽毛黄色,颈、翅、尾间有黑羽,羽毛生长速度快。

2. 优质型 该型的特点是商品鸡生长速度快,羽毛麻色,似土种鸡。

3. 青脚型 以我国地方鸡种为主要血源,分别选育、配套而成。其羽毛黄麻、黄色,脚青色。

(三)体重、饲喂标准与主要生产性能

1. 苏禽黄鸡父母代母鸡育成期体重与喂料量标准 见表3-35。

表 3-35 苏禽黄鸡父母代母鸡育成期体重及饲喂标准

周龄	优质型父母代育成期		快大型父母代育成期	
	体重(克)	喂料量(克/天·只)	体重(克)	喂料量(克/天·只)
1~4	—	自由采食	—	自由采食
5~6	580~650	45	630~750	50
8	790	50	900	55
10	930	55	1050	60
12	1080	60	1200	65
14	1240	65	1380	70
16	1400	70	1510	75
18	1560	75	1680	80
20	1720	80	1850	85

2. 产蛋性能 苏禽黄鸡各配套系生产性能见表 3-36。

表 3-36 苏禽黄鸡父母代的产蛋性能

项 目	苏禽黄鸡优质型	苏禽黄鸡快大型	苏禽黄鸡青脚型
5%产蛋率周龄(周)	20	23	24
5%产蛋率时体重(克)	1800	2150	2100
产蛋高峰周龄(周)	27	29	29
高峰产蛋率(%)	84	86	82
68 周龄产蛋数(枚)	180	185	175
68 周龄提供苗鸡数(只)	154	159	150

3. 产肉性能 苏禽黄鸡各配套系产肉性能见表 3-37。

表 3-37　苏禽黄鸡配套系的产肉性能

代次	项目	苏禽黄鸡优质型		苏禽黄鸡快大型		苏禽黄鸡青脚型	
	周龄	体重(克)	料肉比	体重(克)	料肉比	体重(克)	料肉比
商品代	5	555	1.97	1015	1.62	715	1.89
	6	716	2.10	1312	1.78	901	2.07
	7	863	2.29	1609	1.93	1142	2.21
	8	1039	2.41	1707	2.31	1332	2.43
	8 周龄半净膛率(%)	80.12		79.32		78.12	
	8 周龄全净膛率(%)	75.24		74.21		73.16	

4. 繁殖性能　各配套系繁殖性能见表 3-38。

表 3-38　苏禽黄鸡配套系的繁殖性能

代次	项目	苏禽黄鸡优质型	苏禽黄鸡快大型	苏禽黄鸡青脚型
父母代	平均受精率(%)	95	95	95
	孵化率(%)	90	89	88
	育成期成活率(%)	96	95	97
	开产至 68 周龄成活率(%)	94	92	94

(四)供种单位简介

江苏省家禽科学研究所是全国重要的家禽专业研究所，多年来保存了我国著名的地方鸡种 20 余个。在保种的基础上，以地方鸡种为素材，利用经典的育种技术和现代分子生物学手段成功地培育了适应市场需要的新型鸡种——苏禽黄鸡。目前饲养祖代鸡 10 万余只，在各地建立父母代种鸡场 30 余个，初步形成了规模化效益。

十一、新扬州鸡

(一)育成概况

新扬州鸡是江苏农学院1960年开始在扬州地方鸡种的基础上,经本品种选育、杂交改良和品种、品系繁育等途径,多年选育而成的"三黄鸡"类型的新品种,是具有产蛋性能高、肉质鲜、生长速度快、生活力强等优点的蛋肉兼用型鸡,1983年底,经江苏省级鉴定正式定名为新品种,并列入《中国家禽品种志》。

目前新扬州鸡已建立了3个品系。江苏省许多县、市均有繁殖群分布。浙江、福建、贵州和辽宁等省都曾有引种。

(二)外貌特征

羽毛黄色,但有深浅两种类型,深的呈黄褐色,浅的呈淡黄色;主翼羽、副翼羽和尾羽有部分黑色;喙黄褐色;胫黄色或间有肉色。

(三)体重、体尺

对新扬州鸡体重和体尺测定结果见表3-39。

表3-39 成年新扬州鸡体重和体尺测定结果

性别	只数	平均体重(克)	体斜长(厘米)	龙骨长(厘米)	背宽(厘米)	胸深(厘米)	胫长(厘米)
公鸡	25	3209	24.54	14.56	12.63	13.38	11.70
母鸡	58	2350	21.95	11.71	10.68	9.26	9.09

(四)产蛋性能

新扬州鸡开产日龄为182天,年产蛋180枚,平均蛋重为56

克,蛋壳褐色。

(五)产肉性能

新扬州鸡 3 月龄仔公鸡体重为 1 850 克,半净膛屠宰率为 78.60%,全净膛屠宰率为 70.5%;仔母鸡体重为 1 400 克,半净膛屠宰率为 80.3%,全净膛屠宰率为 70.4%。

(六)繁殖性能

新扬州鸡放养时受精率为 89%,受精蛋孵化率为 93.31%,入孵蛋孵化率为 84.07%,56 日龄成活率为 91.1%,产蛋母鸡 420 日龄成活率为 93.02%。

(七)饲养管理特点

1. 适应性 新扬州鸡产于扬州,适宜在温带地区饲养,如果在北方饲养要提高鸡舍的温度,如果在南方地区饲养要注意防暑降温工作。

2. 做好防疫工作 育雏阶段可在饲料中按剂量加入抗生素类药物,防止白痢等疾病的发生。

(八)供种单位简介

新扬州鸡由扬州大学畜牧兽医学院实验牧场保种,并对新扬州鸡进行了开发利用。

十二、新狼山鸡

(一)育成概况

新狼山鸡是建国后第一个育成的兼用型鸡种。1952 年开始由华东农业科学研究所选育,1958年基本定型。1959年移交中国农科院家禽研究所继续培育和扩繁推广。

1951年、1952年两次在产区选购较轻型、外观鉴别产蛋性能良好的黑色狼山鸡,作为原始素材,为改良其性成熟迟、蛋重轻的的缺点,并保存狼山鸡原有的优良品质,决定以引入成熟早、体重较大、蛋较重的澳洲黑鸡作为另一亲本,进行了导入方式的育成杂交,即以第一世代选择早熟、体较重的优良澳洲黑公鸡作为父本与经过个体观察、生产性能优良的黑色狼山鸡做母本进行杂交;第二世代选择优良狼山公鸡与一代杂种鸡中优良个体母鸡进行回交;第三世代起选择合乎预期选育目标的理想个体自交,在以后的若干世代,注意到外貌鉴定、系谱选择,并在童鸡阶段加强在野外放牧,锻炼其体质,培育其觅食力性能,然后定型。

(二)外貌特征

新狼山鸡体型为兼用型类型。不像原来狼山鸡的背型。羽毛紧凑程度介于澳洲黑与黑色狼山鸡之间,既不像澳洲黑那么松也不像狼山鸡那么紧凑。光脚,无毛脚类型。全身羽毛黑色,单冠。眼的虹膜呈黄褐色。胫、脚部浅色,部分蓝灰色。新鸡换羽后的羽毛发蓝绿色光泽,其虹膜、脚胫部、羽毛色泽以及体型与原来的狼山鸡有明显的区别。

(三)体重、体尺

新狼山鸡的体重和体尺测定结果见表3-40。

表 3-40　成年新狼山鸡体重和体尺测定结果

性别	只数	平均体重（克）	体斜长（厘米）	龙骨长（厘米）	背宽（厘米）	胸深（厘米）	胫长（厘米）
公鸡	25	3000	24.00	14.56	12.36	13.33	11.60
母鸡	58	2215	21.60	11.24	11.23	9.35	9.01

（四）产蛋性能

据 1992 年国家地方禽种资源基因库测定：新狼山母鸡开产日龄为 185.23 天，开产体重为 2 125 克，500 日龄平均产蛋 192.34 枚，平均蛋重为 54.62 克，蛋壳褐色，蛋型相当一致。

（五）产肉性能

90 日龄平均体重公鸡为 1 203 克，母鸡为 1 005 克；成年鸡半净膛屠宰率公鸡为 80.42%，母鸡为 78.32%；全净膛屠宰率公鸡为 73.42%，母鸡为 72.52%.

（六）繁殖性能

据 1992 年测定，新狼山鸡受精率为 95.52%，入孵蛋的孵化率为 88.12%，受精蛋的孵化率为 90.13%。42 日龄雏鸡存活率为 95.12%。

（七）饲养管理特点

1. 做好防病工作　新狼山鸡对白痢易感。因此，对种用鸡群必须进行白痢检测，淘汰白痢阳性鸡；鸡舍进鸡前必须进行严格消毒；饲养雏鸡时按剂量加入抗生素，严防白痢的感染。

2. 防止啄食癖　新狼山鸡易发生啄肛。因此，在 5～9 日龄必须对雏鸡进行断喙。

(八)供种单位简介

新狼山鸡现已在江苏省家禽科学研究所国家地方禽种资源基因库中保存。该单位以新狼山鸡为研究素材,开展了小群保种方法的研究,为地方鸡种的保存提供了一套行之有效的保种方法——家系等量随机选配法。在育种上利用新狼山鸡进行了羽速选育,该品种在我国黑羽鸡种中是一个能用羽速自别雌雄的品种。

十三、海红黄鸡

(一)育成概况

海红黄鸡是江苏省家禽科学研究所于 1965 ~ 1972 年育成的黄羽肉鸡新品种。该鸡具有生长速度快、产蛋较多和肉质好等特点,适宜于南方产销和活鸡出口的需要。育成后,曾推广到广西、广东、江西、湖南、江苏、和贵州等省、自治区,普遍反映良好。

在原中国农业科学院家禽研究所“我国部分黄鸡品种性能观察”的基础上,从 1965 年开始,对 12 个不同品种杂交组合进行比较测定,其中以海启(即江苏省海门市和启东市的地方鸡种)与新汉夏公鸡杂交效果较好,该组合的海新第一代,公鸡 90 日龄平均体重达 1 515 克,耗料比为 3.43∶1。在此基础上,再用红色科尼什公鸡进行复杂交。对所得海红杂交二代比较测定,又发现海红二代鸡早期生长速度快,超过其父代红色科尼什鸡,65 日龄公母平均体重为 1 305 克,耗料比为 3∶1。因此,从 1967 年起进行横交固定。以后采取每年多批次选留,严格淘汰,有计划、有目的地进行近亲配种。经过 6 年的努力,于 1972 年育成海红黄鸡。

(二)外貌特征

体型偏肉用型。全身羽毛棕黄色,颈羽和尾羽略有黑斑。单冠。喙、胫、皮肤均为黄色。

(三)体重、体尺

海红黄鸡体重和体尺测定结果见表3-41。

表3-41 成年海红黄鸡体重和体尺测定结果

性别	体重(克)	体斜长(厘米)	胸宽(厘米)	胸深(厘米)	骨盆宽(厘米)	胫长(厘米)
公鸡	3250±125.00	28.43±0.61	10.07±0.23	13.93±0.75	10.93±0.46	14.29±0.42
母鸡	2650±25.00	24.47±0.14	8.66±0.07	11.93±0.09	9.17±0.09	10.47±0.08

(四)产蛋性能

海红黄鸡平均开产日龄为180天,平均开产体重2300克,500日龄平均产蛋143.7枚,平均蛋重为56克。

(五)产肉性能

70日龄体重公、母鸡平均为1425克,料肉比为2.75:1;90日龄体重公、母鸡平均为1910克,料肉比为3.61:1。

全净膛屠宰率为75%以上。该鸡在肥育阶段(70日龄左右)给予适当的高能饲料和合理的饲养管理方法,无论公、母鸡均在皮下或腹膜间沉积一定量的脂肪,所以肉质嫩滑,皮紧贴而富有弹性,肉味优于白洛克鸡或科尼什鸡。

(六)繁殖性能

海红黄鸡公、母配种比例以 1:10 左右为宜,平均受精率 90%,受精蛋的孵化率为 85%。42 日龄存活率为 93%。

(七)饲养管理特点

1. 进行限喂 海红黄鸡体脂沉积优良。因此,种鸡在育成期的饲养过程中,要进行限制性饲喂,使生长速度控制在适宜的范围内。

2. 补充光照 单凭自然光照不能激发海红黄鸡种鸡最大的产蛋率,因此,在 18 周龄开始,就应该对种鸡每天增加 0.5 小时的人工光照,然后每周增加 0.5 小时,直至每天达 16 小时为止。

(八)供种单位简介

近年来,广东省家禽科学研究所用其作仿土黄羽肉鸡繁育体系中的配套亲本之一,其单交系母鸡 500 日龄平均产蛋数为 149.5 枚;所繁殖的仿土三系杂交肉鸡——广源黄鸡,因体型外貌、肉质都酷似广东地方鸡种而倍受当地群众的欢迎。目前该所已建成海红黄鸡的核心群,专门作为祖代用以生产杂交仿土黄鸡,这个配套杂交繁育体系的商品代,在出口港澳地区活鸡中已见成效。

十四、广西三黄鸡

(一)育成概况

广西三黄鸡又叫信都鸡、糯垌鸡、大安鸡、麻垌鸡、江口鸡。三黄鸡之名,是因为母鸡是黄羽、黄嘴(喙)、黄脚而得名。实际上多数母鸡喙的基部带栗色。有些个体的脚是肉色,有些母鸡的主翼羽、副翼羽还带黑边或黑斑。主尾羽也有黑的。复主翼羽带深厚的黑斑或呈黑色，颈羽也有呈现黑色斑点。公鸡并不是三黄，公鸡羽毛酱红，翼羽和主尾羽也常带黑色。这种两性羽毛异色的现象，和鸡的祖先红色原鸡很相似。广西山区也还有红色原鸡存在，可能三黄鸡就是由红色原鸡驯化而来的。

产区属亚热带气候，年平均气温 21℃。每年候温（每 5 周的平均温度叫候温）在 23℃以上的夏季时间约有 5.5 个月。全年候温均在 10℃以上。年降水量约 1 450～1 750 毫米，雨水以 4 月至 9 月较多，10 月至翌年 3 月较少。广西仅有的平原都分布在桂平市、平南县境内。由于气候温和，雨量充沛，土地肥沃，作物一年 2～3 熟，水稻全为双季稻，旱地种甘蔗、花生、薯类、玉米、烤烟与黄红麻等，所以，产区粮食较丰富，人口也多，饲养家禽用的粮食及农副产品也比山区为多，鸡的肉质肉味较好。每年秋季放鸡到花生地，采食遗粒所长出的花生芽和其他野生饲料，这种鸡的肉质特优。但群众养鸡传统习惯仅加喂稻谷、大米和米糠，其他养分全靠放牧解决，蛋白质、维生素，特别是钙、磷、食盐等矿物质显然是不够的。加之冬季直照的阳光不足，也影响维生素 D_3 的形成与钙的吸收。因此，鸡生长缓慢，体小易肥，骨质细软，蛋小而少。

（二）外貌特征

体质紧凑，羽毛紧贴。单冠居多，也有玫瑰冠与豆冠。羽毛黄色居多，次为芦花色、黄色、黑色与麻色，皮肤大部分为白色，少数为黄色。

公鸡羽毛酱红，颈羽颜色比体羽较浅。翼羽常带黑边。尾羽多是黑色。单冠，耳叶红色，虹膜橘黄色。喙与脚胫黄色，也有脚胫肉色。皮肤白色居多，也有黄色。

（三）体重、体尺

对广西三黄鸡体重和体尺测定结果见表 3-42。

表 3-42 成年广西三黄鸡体重和体尺测定结果

性别	体重（克）	体斜长（厘米）	胸宽（厘米）	胸深（厘米）	骨盆宽（厘米）	胫长（厘米）
公鸡	2550.00 ± 125.00	24.43 ± 0.61	8.07 ± 0.23	11.93 ± 0.75	9.93 ± 0.46	12.29 ± 0.42
母鸡	1880.00 ± 25.00	20.47 ± 0.14	6.66 ± 0.07	9.93 ± 0.09	8.17 ± 0.09	9.47 ± 0.08

（四）产蛋性能

平均年产蛋 77.1 枚。平均蛋重为 41.07 ± 4.28 克，纵径 4.88～5.03 厘米，横径为 3.71～3.79 厘米。蛋形指数为 1.28～1.35。蛋壳浅褐色。

（五）产肉性能

在自然放牧，补喂米饭或稻谷的条件下，需 180 天，公鸡才达到 1.85 千克，母鸡 1.58 千克的屠宰体重。

当舍饲平养，喂以配合饲料时，达到屠宰体重所需时间为 150 天。

据测定 18 只 4 月龄母鸡，平均空嗉活重 1.24 千克。净肉重 0.64 千克，占活重 52%。骨重 0.19 千克，骨肉比 1:3.4。12 只阉鸡平均活重 1.63 千克，净肉重 0.86 千克，占活重 53%，骨肉比 1:2.6。

(六)繁殖性能

公鸡冠开始长大并啼鸣等第二性征出现的时间参差不齐。从30日龄至90日龄都有。开始有交配行为的时间多在90~120日龄。母鸡开产日龄一般为150~180天,最早135天。受精蛋的孵化率为80.5%。在正常的饲养管理条件下,保温期的育成率可达95%。整个育成期的育成率达75%以上,成年鸡每年的存活率85%左右。

(七)饲养管理特点

1. 实行限喂 广西三黄鸡生长速度较快,种鸡育成期要采用限制饲喂的方法。

2. 适时阉鸡 阉鸡可提高鸡的产肉率,肉嫩。在90日龄左右可对育成鸡进行阉鸡,以提高经济效益。

(八)供种单位简介

广西容县养三黄鸡十分发达,大多数为个体户养鸡,全县养鸡量近1000万余只。十里乡甘旺村养鸡场主要承担种鸡的供应,目前饲养种鸡10万余只,解决了当地养鸡的种源。

十五、景 黄 鸡

(一)育成概况

景黄鸡产于江西省景德镇市,该市种禽场培育的新品种,现已分布到上海、江苏、浙江、宁夏、河南、山东等省、市、自治区。

景黄鸡的选育始于1992年,其育种素材(亲本)为白耳黄鸡和以色列Kar BI900。白耳黄鸡为金黄色羽毛,体型矮小,产蛋性好,肉质优异,遗传性能稳定,但生长速度较慢,饲料转化率较低;以色列 Kar BI900 为银灰色,毛色基因属隐性基因,产蛋性能好,生活力强,生长速度较快,饲料转化率高,皮脂、腹脂率较低。通过杂交,基因重组,把两者的优良性状结合起来,并通过选育技术,提高优良基因的频率,逐步固定,稳定其遗传性。采用白耳鸡做父本,以色列 Kar BI900 做母本,F_1 经测定后,选择优秀个体做母本,与不同家系的白耳公鸡回交,白耳黄鸡血缘达 75%,以色列 Kar BI900 血缘占 25%,横交,组成 46 个家系,公、母配种比例 1∶15(人工授精),以家系选择为主,结合个体表型选择。家系内连续同胞交配,使近交系数达到 35.7% ~ 50%。第三代起每个家系中都出现近交衰退现象。因此,提高选择压,第三代每个家系数均已达到 600 只,淘汰 500 只,保留 100 只。经过 8 个世代选育,达到预期目标,品种形成。

(二)外貌特征

景黄鸡为黄羽、黄喙、黄脚,全身羽毛紧贴,单冠、5 齿,耳垂大,底色红色,浮面有白色。母鸡 110 日龄体型为菱形,130 日龄后为卵圆形,公鸡胸宽、深,颈短,头宽,尾羽黑色。

(三)体重、体尺

据测定,在饲料营养水平含代谢能 11.51 兆焦/千克,蛋白质 16.5%的条件下,母鸡体重 5 周龄 308 克,23 周龄 2 000 克;公鸡体重 5 周龄 409 克,23 周龄 2 800 克。

成年公鸡平均体重 2 575.43 ± 43.67 克 ,成年母鸡平均体重 2 025.85 ± 63.10 克,见表 3-43。

表 3-43　成年景黄鸡体重和体尺测定结果

性别	体重（克）	体斜长（厘米）	胸宽（厘米）	胸深（厘米）	龙骨长（厘米）	骨盆宽（厘米）	胫长（厘米）
公鸡	2575.43±43.67	20.30±1.53	6.79±0.69	10.30±0.75	13.50±1.20	7.63±0.43	6.74±0.51
母鸡	2025.85±63.10	17.40±0.81	6.44±0.45	9.28±0.49	11.00±1.17	7.64±0.56	6.12±0.56

(四)产蛋性能

母鸡开产日龄 137.52 天,达到 50%产蛋率日龄为 196 天,500 日龄产蛋 176.50±5.7 枚,产蛋总重 8 119.00±235.2 克,平均蛋重 46±2.6 克,蛋壳浅褐色,蛋壳厚度 0.31±0.02 毫米,产蛋期间料蛋比 3.1∶1。

(五)产肉性能

据测定 90 日龄屠宰,公鸡活重 1 300±70.2 克,屠宰率 92%±2%,半净膛屠宰率 85.4%±4.7%,全净膛屠宰率 78%±4.5%;母鸡活重 1 154±80.9 克,屠宰率 91%±2.6%,半净膛屠宰率 84%±4.1%,全净膛屠宰率 76%±5%。

江西农业大学测定 120 日龄景黄鸡,胸肌常规肉质 2.25 分,大理石纹 2.17 分,系水力 73.41%,失水率 19.79%,剪切力值 1.33 千克,pH 值 6.42,熟肉率 66.5%,肌肉化学成分:水分 74.45%,蛋白质 22.98%,脂肪 0.9%,灰分 1.2%。

(六)繁殖性能

公鸡 130 日龄性成熟,在公、母配种比例 1∶15(人工授精)的条件下,受精率 89%～92%,受精蛋孵化率 85%,母鸡产蛋期为 19～

72 周龄。

(七)饲养管理特点

1. 注意限喂 景黄鸡沉积脂肪能力强,因此,饲养种鸡时,育成期要十分注意限制饲喂,每周称重 1 次。称重时,如果超重,下周饲料的喂料量绝不能增加,等达到标准体重时才能增加。

2. 适时转入产蛋鸡舍 景黄鸡在肉用种鸡中产蛋较早,因此,在育成期应比其他肉鸡提前上笼,上笼后要及时转入产蛋期饲养管理。

(八)供种单位简介

景德镇市种禽场(现发展成江西德宇集团)为景黄鸡原种场,保存种鸡 2.3 万只,年繁殖景黄鸡苗 276 万只;其所属的分场扩繁群种鸡 2.5 万只,年繁殖景黄鸡苗 300 万只。

十六、皖南黄鸡

(一)育成概况

皖南黄鸡系华大集团家禽育种公司培育的系列黄鸡,华大(集团)家禽育种公司是华东地区规模最大的优质黄羽肉鸡父母代、商品代鸡的培育基地,组成的主要配套系有皖南黄(麻)、皖南黄(乌骨)等,其主要特点是成活率高,商品代生长速度快,具有类似于土种鸡的羽色和体型。该公司培育的皖南黄羽肉鸡,1999 年经国家生产性能测定站测定,符合本品种生产性能,在全国测试的 12 个黄羽肉鸡配套系中,羽毛生长速度最快、增重速度属快大型、饲料转化率最高,产品质量领先。

皖南黄鸡配套系的组成以隐性白羽为第一母本,分别与石岐杂、黄(麻)乌骨鸡等组成各种配套系。

(二)外貌特征

皖南黄鸡的外貌随各个配套组合的不同而不同,皖南黄(麻)配套系以羽毛麻色为主要特征,体型似地方草鸡。皖南黄(乌骨)配套系羽毛黄色,以乌皮、乌骨为主要特征,羽毛为片羽。

(三)体重、饲喂标准与主要生产性能

1. 皖南黄鸡生长发育参数 见表3-44。

表3-44 皖南黄鸡父母代种鸡生长发育参数

周龄	皖南黄(麻)		皖南黄(乌骨)	
	饲喂量(克/只·日)	体重(克)	饲喂量(克/只·日)	体重(克)
4	43	400	40	380
6	49	630	41	600
8	57	850	53	790
10	64	1050	62	980
12	73	1220	70	1180
14	85	1370	78	1320
16	94	1520	86	1470
18	102	1680	94	1610
20	108	1850	100	1760
22	115	2000	108	1930

2. 产蛋性能 皖南黄鸡父母代开产日龄150天,开产蛋重48克,68周龄产蛋170枚,平均蛋重54克,生产苗鸡142~145只。

3. 产肉性能 商品代42日龄体重,母鸡800~1 050克,公鸡1 000~1 200克,饲料转化比为1.9~2.3∶1。

4. 繁殖性能 皖南黄鸡父母代受精率为95%,孵化率为90%。

(四)饲养管理特点

1. 适应于放养 皖南黄鸡觅食能力强,肉质好,为保持皖南黄鸡较好的肉质,应采用放养的饲养管理模式。

2. 断喙 如果对皖南黄鸡饲养管理不当,会发生啄食癖。因此,在5~9日龄时应对皖南黄鸡进行1次断喙。

(五)供种单位简介

华大集团家禽育种公司下属祖代场7个,年生产父母代苗鸡200多万套,商品代苗鸡3 000余万只,可长年提供父母代种鸡和商品代雏鸡。

十七、贵州黄鸡

(一)育成概况

贵州黄鸡是贵州农学院以贵州毕节、威宁、习水等市、县的本地鸡种为母本,引用产蛋量高、蛋大的新汉夏鸡和体大毛黄的金黄洛克鸡为父本,进行三品种复杂交。从1972年开始组建鸡群,经过12年的杂交选育、闭锁固定和系统选育而成。1985年已达到预定的育种目标,并保留金黄洛克鸡血液50%,新汉夏鸡和本地鸡血液各25%,具有“三黄”特征。属蛋肉兼用型鸡种。该鸡具有抗逆性强,早期生长发育快,产蛋多,肉质好,羽毛色泽美观等特点。

(二)外貌特征

贵州黄鸡体型中等,体质结实、匀称,羽毛紧密。头大小适中,胸宽,腹深,背平长,腿较高,腹部及腿部羽毛丰满,全身覆盖棕黄色羽毛,主翼羽、主尾羽及颈羽有黑色片状或黑色斑点羽毛,胫、皮肤为黄色,喙黄褐色,单冠,虹膜黄色。公鸡冠、髯发达,冠大直立,有5~7个冠峰,冠、髯为红色,羽色较深,前胸挺立,体态雄壮。

(三)体重、体尺

对成年贵州黄鸡体重和体尺测定结果见表3-45。

表3-45 成年贵州黄鸡体重和体尺测定结果

性别	只数	体重（克）	体斜长（厘米）	胸深（厘米）	胸宽（厘米）	龙骨长（厘米）	骨盆宽（厘米）	胫长（厘米）	胫围（厘米）
公鸡	30	3300±390	25.10±2.58	12.80±1.86	10.40±1.85	14.20±1.49	11.20±1.79	13.04±0.86	5.80±0.38
母鸡	205	2200±380	20.40±1.7	10.60±1.15	7.90±1.09	11.60±0.89	8.90±1.10	10.20±0.76	4.80±0.40

(四)产蛋性能

贵州黄鸡180日龄开产,年产蛋200枚以上,蛋重55克。蛋壳呈浅棕色,蛋壳厚度为0.33毫米,蛋型椭圆,蛋形指数1.35。蛋品质良好,蛋白哈氏单位为83。

(五)产肉性能

贵州黄鸡肉质较好,胸肌取样测定16种氨基酸含量,以谷氨酸及赖氨酸含量较高,分别为13.67%和9.09%。屠宰测定:半净膛屠宰率:公鸡83.95%,母鸡81.44%;全净膛屠宰率:公鸡76.21%,母鸡70.13%,肉质细嫩,肉味鲜美。肉料比为1:4.2。

(六)繁殖性能

50%开产日龄为180天,受精率93%以上,孵化率85%以上,6周龄育成率93%以上。

(七)供种单位简介

贵州大学科研种鸡场即原贵州农学院科研种鸡场是贵州省惟一黄羽鸡育种和制种基地,因此,定名为“贵州黄羽鸡种鸡场”。

十八、贵农金黄鸡

(一)育成概况

贵农金黄鸡是贵州大学教学实验鸡场,以贵阳花溪和青岩的麻黄色本地鸡为母本,引进金黄洛克、奥品顿、新汉夏与其进行复杂杂交从1963年开始组建鸡群,经过20多年的选育和系统的家系选择培育而成的蛋肉兼用型鸡种。1985年通过“六五”科技攻关鉴定,其主要经济性状已达到和超过预定指标并正式定为品种。贵农金黄鸡生产性能较高,繁殖性能良好,体型外貌整齐一致,遗传性比较稳定,而且适应性强,肉质鲜嫩,深受群众欢迎,适于在中、小型鸡场和广大农村饲养。

(二)外貌特征

贵农金黄鸡全身羽毛为均匀的金黄色,少数为浅黄色或红黄色,富有光泽。喙、胫黄色,“三黄”特征明显。头大小适中,眼橙黄色,单冠直立,颜色鲜红,冠齿5~7个。面部、肉髯和耳叶为鲜红色。胸宽深,背平直,腿高中等,后躯发达体格健壮,体态匀称,羽毛丰满,外貌美观。

(三)体重、体尺

成年公鸡体重3.2±0.335千克,成年母鸡体重2.3±0.455千克。其他体尺见表3-46。

表3-46 成年贵农金黄鸡体重和体尺测定结果

性别	体重(克)	体斜长(厘米)	胸深(厘米)	胸宽(厘米)	胸围(厘米)	龙骨长(厘米)	骨盆宽(厘米)	胫长(厘米)
公鸡	3200±335	26.8±1.4	12.9±0.95	10.3±0.71	35.6±1.6	13.5±0.71	11.5±0.95	11.95±0.67
母鸡	2300±455	27.7±1.1	11.3±0.61	8.7±0.5	30.9±2.03	11.5±0.59	9.1±0.47	9.4±0.6

(四)产蛋性能

在正常饲养管理条件下,鸡群产蛋率达50%的日龄为150~160天。年产蛋190~210枚,平均蛋重58克。产蛋强度:一般连产2~3枚,最高连产31枚。蛋料比为1:3.3。

蛋型椭圆,蛋形指数为1.34。蛋白品质良好,哈氏单位86.73。蛋壳褐色,由深至浅。蛋壳厚度0.32毫米,较厚而致密。

(五)产肉性能

贵农金黄鸡骨骼较细,屠宰率较高。经测定,成年公鸡全净膛屠宰率为74%~76%,成年母鸡全净膛屠宰率为66%~68%。肉品质较好,通过相同日龄的贵农金黄鸡、白洛克、来航鸡和红布罗鸡进行品味鉴定,以贵农金黄鸡肉质为最好。采用胸肌进行15种氨基酸含量分析,以贵农金黄鸡为最高。

(六)繁殖性能

贵农金黄鸡繁殖性能良好,种蛋受精率为90%~95%,受精蛋孵化率为90%。6周龄育成率95%。

(七)供种单位简介

贵州大学教学实验鸡场是教学、科研和生产三结合的实验饲养基地。建立了贵农金黄鸡纯系的配套系,还保存了多个优良地方鸡种资源。现有贵农金黄鸡种鸡群3000多只。约有40多万只鸡种推广在贵州省各地,广东、广西、湖北、云南等省、自治区也陆续引种60多万只。

十九、闽中麻鸡

(一)育成概况

该鸡种是在地方鸡种永安麻鸡的基础上采用现代遗传育种技术,经过多年培育出来的优质肉鸡新品系,包括闽中麻鸡、闽中黄鸡2个系列。该鸡种具有土种鸡固有的优良特性,适应性广,抗逆性强,肉味鲜美,羽毛艳丽,生长速度较快,受到消费者的欢迎。

(二)外貌特征

1. 闽中麻鸡 喙、胫为青黑色,单冠直立,颜色鲜红。公鸡为红棕色,前胸、翅、尾和下腹部近于黑色;母鸡全身为深麻色,主色调为黄麻,喙、胫为黄色,单冠直立,色泽亮丽。

2. 闽中黄鸡 体型较大,体态丰满,单冠、冠叶不大,冠体直立,冠、脸、肉垂皆鲜红色,喙的颜色以黄为主,胫趾均为黄色。公鸡全身羽毛偏红,尾部为闪亮的黑羽;母鸡的羽色以黄麻为基调,尤以颈部和前胸的羽毛偏黄,翅与尾部的羽毛偏黑。

(三)生产性能

1. 父母代种鸡的主要生产性能 见表3-47。

表3-47 闽中麻鸡、黄鸡父母代鸡的生产性能

项目	闽中麻鸡	闽中黄鸡
开产周龄(周)	20	22
50%产蛋率周龄(周)	25	25
80%产蛋高峰周龄(周)	30	30
开产体重(千克)	1.9	2.1
种蛋平均受精率(%)	92	92
68周龄平均产蛋量(枚)	180	180

2. 商品代鸡的生产性能 见表3-48。

表3-48 闽中麻鸡、黄鸡商品代70日龄生产性能

项目	闽中麻鸡		闽中黄鸡	
	公鸡	母鸡	公鸡	母鸡
活重(千克)	1.65	1.35	1.5	1.5
饲料报酬	2.3:1	2.5:1	—	2.1:1
快长型活重(千克)*	1.4	1.1	1.6	1.3

* 闽中麻鸡为60日龄、闽中黄鸡为50日龄活重

(四)饲养管理特点

闽中麻鸡与闽中黄鸡,虽然源自于当地土鸡,但其性成熟很早。因此,在育成阶段一定要注意营养与光照的相互配合,才能获得理想的饲养效果。

(五)供种单位简介

目前,福建省永安市昌民禽业公司存栏祖代种鸡2万套、父母

代种鸡15万套，年产商品代雏鸡1 600万只。

二十、河横青脚鸡

（一）育成概况

河横青脚鸡属快大型青脚优质肉鸡，由江苏省泰州市河横家禽育种有限公司采用现代高科技育种手段，培育出的生长速度快的黄羽青脚肉鸡配套系。该鸡是四系配套，父系AB为快长系，来源于红色海佩科，母系由一个中等速度的麻羽（C系）父系与法系隐性白羽母系（D系）杂交而成。

（二）体型外貌

1. 父母代 父系AB为快长系，深麻色羽，体呈方形，胸、腿肌发达，是典型的有色羽快长肉鸡。母系CD的特点是早熟、全身麻羽、青脚，肉质优和产蛋性能好。

2. 商品代 全身麻羽，青脚，早熟，单冠直立，鸡冠大且鲜红，体大圆润。

（三）生产性能

1. 父母代 68周龄产蛋171枚，可提供苗鸡138只。开产周龄24周，最高产蛋率81%，种蛋受精率92%，受精蛋孵化率90%。母鸡开产体重2.1千克，成年母鸡体重3.1千克，产蛋期母鸡日耗料132克，产蛋期成活率93%。成年公鸡体重4.2～4.5千克。

2. 商品代 45天体重1.2～1.3千克，饲料转化比2.05∶1，成活率96%～97%。具有肉质好，腹脂率低，肌内脂肪含量高，屠宰率高等特点。

(四)供种单位简介

江苏省河横家禽育种公司培育出了快大青脚型——河横青脚鸡。另还有快大型黄鸡——河横黄鸡(42 天体重 1.3～1.5 千克);优质仿土蛋鸡——河横草鸡(72 周龄产蛋 230 枚,平均蛋重 51 克,蛋黄大)。年产商品代鸡 8 000 万只。

二十一、新配套系汇集

近年来,我国各地新培育并推广的配套系鸡种很多。这些鸡种大多采用了当地的地方品种为素材,其生产性能的类型也都属于黄、麻羽肉鸡的范畴。虽然育种时间的长短不一,成熟度也很不一致,但却各有特点;虽然有些品种没有通过鉴定和验收,但却都占有一定的市场份额。这是我国黄羽肉鸡生产发展过程中的一个特色。

(一)梅岭优质土鸡系列

浙江省海宁市光大种禽业有限公司是浙江省畜禽种苗工程优质鸡原种基地。目前,该公司已拥有 10 多个纯系,可组配梅岭优质土鸡系列、麻鸡系列等多个品牌。生产规模为年产父母代种雏 35 万套。

梅岭优质土鸡系列的种鸡适应性强,成活率高,既适合于集约化饲养,也适合于散养放牧;该鸡的羽毛紧凑、外貌美观,头小胫细,单冠直立、鲜红;梅岭土鸡的肉质鲜嫩,皮薄骨细,风味独特。

(二)萧山草三黄鸡系列

浙江省萧山玉泉家禽公司培育的萧山草三黄鸡等优质肉鸡已占有较大的市场空间,目前,年供种量达 800 万只。

1. 青脚麻花鸡 羽毛属“黄麻”类，其父母代到510日龄时，可产蛋200枚。商品代鸡在60日龄时平均活重为1.3千克，料肉比2.3:1。

2. 萧山草三黄 全身羽毛为较均匀的中等黄羽，尾部黑羽偏多，喙、胫均为黄色。父母代年产蛋180枚；商品代85日龄平均活重为1.45千克，料肉比为3:1。

3. 黑凤鸡 外貌特征为青脚黑羽、红冠。父母代种鸡年产蛋为210枚，快速型的商品代在60日龄时平均体重达1.9千克，肉料比为1:2.1。

4. 五黑鸡 该鸡的胫、内脏、肌肉、皮肤与骨骼均为黑乌色，羽毛属“黑麻”类型。其父母代年产蛋达210枚。商品代在60日龄时平均体重为1.4千克，肉料比为1:2.4。

(三)神农优质肉鸡

浙江省神农畜禽公司主要推广优质肉鸡。该公司培育了特优三黄鸡和青脚麻鸡等配套系，常年饲养量达10余万套，其主要生产性能见表3-49。

表3-49 神农黄麻鸡主要生产性能

项目	特优三黄鸡		麻羽乌骨鸡		青脚麻鸡	
	公	母	公	母	公	母
日龄(天)	75	100	70	80	65	75
活重(千克)	1.5	1.25	1.7	1.5	1.6	1.35
料肉比	2.6	3.1	2.5	2.7	2.4	2.6

(四)新秀黄系列肉鸡

浙江省嘉兴市秀渊珍畜禽育种公司培育出新秀黄、新秀麻黑等优质肉鸡配套系。全年供种1 000万只左右。其主要生产性能见表 3-50。

表 3-50　新秀黄系列商品代鸡主要生产性能

商品代名称	饲养日龄	平均体重(克)	饲料报酬
新秀黄(特快型)	55	1750	1:2.0
新秀黄(快速型)	60	1800	1:2.2
新秀麻黑	60	1700	1:2.2
新秀黄草鸡	75	1250	1:2.6
新秀乌骨鸡	70	1100	1:2.6

(五)雪山草鸡

雪山草鸡是江苏省武进市立华畜禽公司近几年来推出的优质肉鸡新品种。该鸡号称是“藏原珍品”。其外观漂亮,公鸡为红背黑尾,母鸡则为稍深的麻羽,乌胫且较细,冠、脸与肉垂均呈红色。该鸡适应性强,适于多种饲养方式。雪山草鸡的性成熟很早,公鸡在 45 天时即啼鸣,母鸡在 100 天时可见到产蛋。

近几年来,该鸡种的推广数量很大。为满足市场的需求,立华公司建立了 2 个父母代种鸡场,总饲养量达 23 万套,商品代的生产量很快就能突破 1 000 万只。

(六)皖江系列肉鸡

安徽省华卫禽业育种公司年可供父母代雏鸡约 80 万套。其配套系均冠以“皖江”系列,主要性能见表 3-51。

表 3-51　皖江系列的主要生产性能

项　目	皖江黄(超速型)	皖江麻青脚(快速型)	皖江麻青脚(土鸡型)
父母代 68 周龄产蛋(枚)	190	180	170
父母代 68 周产雏数(只)	160	150	140
商品代公雏体重(克)	1500(42 日龄)	1200(49 日龄)	1100(49 日龄)
商品代母雏体重(克)	1400(42 日龄)	1100(49 日龄)	900(49 日龄)

(七)江淮优质鸡

该鸡为安徽省江淮家禽育种公司培育并推广。曾获省级颁发的新品种证书。

鸡的羽色以浅黄为主,尾部的黑羽较多。单冠,头部较清秀,冠、脸与肉垂均为红色。其父母代种鸡饲养 68 周龄可产商品代肉雏 146 只,其商品代的主要性能见表 3-52。

表 3-52　江淮优质鸡商品代主要性能

周龄	公雏体重(克)	母雏体重(克)	平均重(克)	平均料肉比
7	1080	840	960	2.25
8	1120	916	1018	2.38

(八)皖禽肉鸡

该鸡为安徽华源禽业集团推广的配套系。据近几年随机抽样测定和在农户饲养中的表现,其适应性强。该公司已拥有祖代鸡 3 万套,父母代种鸡 10 万套。

(九)三青黄鸡

三青黄鸡是安徽省三青禽业公司最新推出的优质黄鸡配套系,同时,该公司还推出三青青脚麻鸡。该公司的饲养规模,约有祖代鸡近万套,年产父母代种雏40万套,存栏父母代鸡5万套,可常年提供父母代和商品代的种蛋与雏鸡。该鸡种的主要生产性能见表3-53。

表3-53 三青黄鸡生产性能

项目		三青黄鸡	三青青脚麻鸡
父母代	66周龄产种蛋(枚)	170	180
商品代	42日龄体重(克)	1200	1300(56日龄)
	饲料报酬	1:1.9	1:2.1
	56日龄体重(克)	2000	1950(70日龄)
	饲料报酬	1:2.3	1:2.5

(十)贡　鸡

该鸡为福建省南山家禽育种公司培育的优质肉鸡种。该鸡的羽色为麻羽,毛色较为一致、速生羽型。单冠,冠、脸与肉垂均为红色,胫部为黑色。

贡鸡的父母代18周龄即可开产,初产体重达1650克,32周龄时高峰产蛋率达85%。其商品代生长较快,10周龄时公雏体重为1600克,母雏体重可达1300克。

(十一)闽燕系列肉鸡

闽燕系列肉鸡包括闽燕麻鸡、麻羽三黄鸡和麻羽黑肉鸡。

1. 闽燕麻鸡　其羽色属于“黑麻”,单冠,冠与肉垂均为红色,胫部为黑色,外观酷似土鸡。父母代种鸡年产蛋为185枚,平均孵化率在90%以上。商品代鸡在70日龄时平均体重为1.7千克，饲料报酬为1∶2.4。

2. 闽燕麻羽三黄鸡 全身羽毛以黄羽为主，在颈、尾与主翼羽处多有黑羽，体型矮小，胫较细，喙、胫与皮肤均为黄色，父母代年产蛋可达192枚，商品代雏70日龄体重达1.6千克，饲料报酬达1∶2.5。

3. 闽燕麻羽黑肉鸡 羽色与体型均与麻鸡相似，仅内脏、皮肤与肌肉均为黑色。父母代鸡年产蛋186枚，商品肉鸡70日龄平均活重为1.6千克，饲料报酬达1∶2.3。

（十二）河南黄鸡系列

河南省黄河珍禽公司新培育出的主要鸡种有：

1. 青脚麻鸡 羽色鲜艳，红羽麻羽相间，胫色青黑，尾羽黑绿，单冠鲜红。其肉仔鸡70天出栏，公鸡为1.75～2千克；母鸡为1.3～1.5千克，料肉比为2.4∶1。

2. 快大麻鸡 羽色基调偏黄，胫为黄色，母鸡为浅麻色羽，冠大直立且鲜红。70日龄时公鸡活重为1.9～2.2千克，母鸡为1.6～1.8千克，料肉比达2.2∶1。

3. 改良土鸡 其公鸡为红棕色羽，惟黑色素较强，母鸡为红中带黑麻色，喙、胫青黑，冠大直立鲜红。商品仔鸡80日龄活重公鸡为1.7～1.9千克，母鸡为1.3～1.5千克，料肉比为2.5∶1。

4. 快大黄鸡 其羽毛，皮肤，喙与胫均为黄色，尾羽为浅黑色，公鸡翼羽中有黑色，母鸡颈羽深黄偏红。商品鸡60日龄出栏，体重公鸡为1.6～1.8千克，母鸡为1.5～1.6千克，料肉比达2.2∶1。

（十三）金种黄鸡系列

该系列鸡种是广东省惠阳市金种家禽公司培育的优质黄羽肉

鸡配套系。

其中,金种1号、2号的商品代鸡为麻黄羽,体短胸宽,脚矮,性成熟早,抗逆性强,皮肤与胫均为黄色。近期又为供港需要推出纯黄羽的金种3号;黑麻羽的金种5号和内地市场所需的金种6号、9号。其主要的生产性能见表3-54与表3-55。

表3-54 金种系列父母代鸡的产蛋性能

生产性能	金种1号、2号、5号	金种6号、9号
开产周龄(周)	24	25
高峰产蛋率(%)	85	84
68周龄产蛋数(枚)	185	180
68周龄产雏数(只)	150	145
育成期成活率(%)	97	97
产蛋期成活率(%)	95	95

表3-55 金种系列商品代肉鸡生产性能

配套系名称	性别	周龄	体重(克)	料肉比
金种1号(惠州麻1号)	母鸡	10	1500~1600	2.6:1
	公鸡	8	1250~1350	2.2:1
金种2号(惠州麻2号)	母鸡	10	1600~1700	2.6:1
	公鸡	8	1300~1400	2.1:1
金种3号(惠州黄)	母鸡	10	1550~1650	2.6:1
	公鸡	8	1300~1400	2.2:1
金种6号(慢羽)	母鸡	10	1700~1800	2.6:1
	公鸡	8	1500~1700	2.2:1
金种9号(快羽)	母鸡	6	1000~1100	2.0:1
	公鸡	6	1200~1400	1.7:1

续表 3-55

配套系名称	性别	周龄	体重(克)	料肉比
金种 5 号(慢羽、黑麻)	母鸡	10	1500 ~ 1600	2.6:1
	公鸡	8	1250 ~ 1350	2.2:1

(十四)鲁禽系列

鲁禽系列是山东省农业科学院家禽研究所培育出的优质肉鸡系列,其中以青脚麻羽鸡最为典型,该鸡公鸡的羽色偏深,除颈部羽毛较红外,其余羽毛皆偏黑,而母鸡的羽色则为较典型的黄麻羽,该鸡为单冠直立鲜红,喙与胫均为青黑色。

鲁禽青脚麻鸡的父母代在 68 周龄可产蛋 190 枚,提供初生雏 152 只。商品代有 3 种型号:在 70 日龄时Ⅰ型的体重为 1.8 千克;Ⅱ型的为 1.6 千克;而Ⅲ型的商品肉鸡在 120 日龄时,体重为 1.8 千克,其料肉比为 3.2:1。

第四章 引进的肉鸡品种

与蛋鸡相比,我国引进的肉鸡品种并不多,但在我国的肉鸡生产中所占的比例却不少。在这些引进的品种中,均以白羽快大鸡为主,在肉用仔鸡的生产中占有重要地位。

近几年,也逐渐引进了黄羽快大鸡和隐性白羽祖代鸡,还有很少一部分国外优质肉鸡的配套系。

一、爱拔益加

爱拔益加(Arbor Acres)简称为A.A.肉鸡。由美国爱拔益加育种公司培育而成。

(一)品种概述

A.A.肉鸡全身羽毛白色,蛋壳颜色很浅;种鸡为四系配套,四个品系均为白洛克型。该鸡特点是生长快,耗料少,适应性强。商品肉鸡胴体美观,胸脯和腿肉发达,是市场上分割加工、烤炸或整吃的重要鸡肉来源,畅销全世界。目前,世界上有20多个国家设有独资或合资的种鸡公司。我国从1981年起,就有广东、上海、江苏、北京和山东等许多省、市先后引进了祖代种鸡,父母代与商品代的饲养已遍布全国,深受生产者和消费者欢迎,成为我国白羽肉鸡市场的重要品种。

(二)生产性能

1. 产蛋与繁殖性能 见表4-1。

表 4-1 A.A.肉鸡父母代种母鸡主要性能

项目	常规系	羽速自别系
全期平均日产蛋率(%)	66	65
高峰期日平均产蛋率(%)	87	86
5%~10%产蛋率的周龄(周)	25	25
全期平均存活率(%)	91	90
入舍母鸡每只产种蛋数(枚)	185	182
入舍母鸡每只产雏鸡数(只)	159	155
5%~10%产蛋率时的体重(千克)	2.83~3.06	2.83~3.06
产蛋结束时体重(千克)	3.54~3.85	3.54~3.85

2.A.A.肉鸡的产肉性能 见表 4-2。

表 4-2 A.A.肉仔鸡的生产性能

周龄	活重(千克)		料肉比	
	常规系	改进型*	常规系	改进型*
5	—	1.810	—	1.56
6	2.145	2.440	1.75	1.73
7	2.675	3.040	1.92	1.90
8	3.215	—	2.11	—
9	3.710	—	2.30	—
10	4.180	—	2.51	—

* 指羽速自别系 2003 改进型

数据表明,2003 改进型在增重与耗料指标上,均有明显提高。

(三)饲养管理要点

第一,在种鸡的饲养过程中,必须根据饲养管理手册的要求,认真、严格地做好限制饲喂、控制光照、调整密度、加强通风和搞好防疫等环节的工作，使种鸡群在良好的环境条件下达到最佳的生长发育状态。只有这样，才能在整个生产期内充分发挥其遗传潜力，生产出高品质的雏鸡。

第二，在肉用仔鸡的生产中，也必须掌握好生长发育规律、控制好环境条件，合理地供给营养，减少猝死、腹水及腿病的发生，实现高效益的目标。

二、罗斯-308

罗斯-308(Ross-308)是英国罗斯育种公司培育成功的优质白羽肉鸡良种。

(一)品种概述

罗斯-308的突出特点是体质健壮，成活率高，增重速度快，出肉率高和饲料转化率高；其父母代种鸡产合格种蛋多，受精率与孵化率高，能产出最大数量的健雏。该鸡种为四系配套，商品代雏鸡可以羽速自别雌雄。商品肉鸡适合全鸡、分割和深加工之需，畅销世界市场。

1989年，罗斯-308肉鸡最早被上海所引进，其父母代和商品代的表现很好。20世纪90年代初建立在天津市武清区的华牧家禽育种中心也引进过罗斯-308的祖代种鸡。

(二)生产性能

1. 罗斯-308配套种鸡的繁殖性能

(1)繁殖力　66周龄入舍母鸡产蛋总数为186枚，其中合格种蛋数为177枚，从中产健雏数149只，平均孵化率为85%。

(2)体重　23周末体重2.64千克；饲养全程末体重3.6～3.9千克。

(3)耗料　到66周龄,每产1枚合格种蛋耗料344克;每产1只商品雏耗料406克。

(4)死淘率　育雏、育成期累计为4%～5%;产蛋期累计为7%。

2. 产肉性能　带骨的不同分割部位出肉率见表4-3。去骨的不同部位出肉率见表4-4。

表4-3　带骨的不同部位出肉率　(%)

活重(千克)	胸肉		大腿		去内脏的出肉率	
	公鸡	母鸡	公鸡	母鸡	公鸡	母鸡
1.6	16.89	17.46	12.19	12.47	69.76	69.25
2.0	17.54	18.06	12.51	12.80	70.51	70.09
2.4	18.11	18.57	12.79	13.09	71.22	70.87
2.8	18.59	19.01	13.02	13.33	71.89	71.59
3.2	19.00	—	13.22	—	72.52	—
3.6	19.31	—	13.40	—	73.11	—

表4-4　去骨的不同部位出肉率　(%)

活重(千克)	胸肉		大腿		总肉量	
	公鸡	母鸡	公鸡	母鸡	公鸡	母鸡
1.6	16.89	17.46	15.91	14.96	32.80	32.42
2.0	17.54	18.06	16.01	15.09	33.55	33.15
2.4	18.11	18.57	16.06	15.20	34.17	33.77
2.8	18.59	19.01	16.10	15.32	34.69	34.33
3.2	19.00	—	16.15	—	35.15	—
3.6	19.31	—	16.17	—	35.48	—

三、哈伯德宽胸肉鸡

哈伯德宽胸(高出肉率型)肉鸡是哈伯德——伊莎家禽育种集团培育成功的一个优秀肉鸡新型品系。

(一)品种概述

早在1981年,我国就引进过原美国哈伯德公司所培育的常规型肉鸡。1997年底美国哈伯德公司、加拿大雪佛公司与法国伊莎公司合并组成哈伯德——伊莎家禽育种集团。原哈伯德肉鸡常规型也由该集团育成了宽胸(高出肉率型)新品系。该配套系的特点是白羽毛、白蛋壳,商品鸡可羽速自别雌雄,有利于分群饲养。种鸡的产蛋性能高,孵化率高,易于管理,生产成本低;商品仔鸡的生长速度快,出肉率高,尤其适宜深加工和生产高附加值产品,由于其体型不过分大,也适合整鸡市场的需要。

(二)生产性能

1. 哈伯德宽胸型父母代种鸡的生长发育参数 见表4-5。

表4-5 哈伯德父母代种鸡生长期体重与喂料量

周龄	体重(千克)		喂料量(克/天·只)	
	母鸡	公鸡	母鸡	公鸡
1	0.12	0.15	30	30
3	0.34	0.53	33~37	44~47
7	0.73~0.74	1.12	47~50	58~62
11	1.10~1.15	1.60	60~65	75~79
15	1.53~1.60	2.095~2.125	76~81	95~100
19	2.02~2.10	2.695~2.725	92~104	115~120
24	2.75~2.90	3.41~3.51	125~135	130~145

2. 哈伯德宽胸型父母代种鸡的繁殖性能 见表4-6。

表4-6 父母代种鸡的繁殖性能

周龄	产蛋率（%）	平均产蛋数（枚/只）	其中种蛋数（枚）	可得雏鸡数（只）	孵化率（%）
25	8.0	0.5	0.2	0	0
30	82.0	21.9	19.1	15.5	85.0
40	77.0	76.4	71.9	62.8	90.0
50	67.0	123.5	118.0	103.4	86.0
60	57.0	163.0	156.3	135.6	82.0
65	52.0	179.8	172.6	148.6	79.0

宽胸型与常规型父母代种鸡的差别比较见表4-7。

表4-7 常规型与宽胸型父母代种鸡主要生产性能比较

项目		常规型	宽胸型
体重（千克）	20周龄	2.10～2.25	2.10～2.25
	60周龄	3.70～4.00	3.70～4.00
60周龄入舍母鸡产蛋数(枚/只)		166～171	164～169
种蛋数(枚)		157～163	155～160
可得雏鸡数(只)		138～143	135～140
平均孵化率(%)		86～88	86～88
每枚蛋耗料(克)		269～279	273～283
每枚种蛋耗料(克)		284～294	289～299
每只雏鸡耗料(克)		329～339	335～345

3. 哈伯德肉仔鸡的增重、耗料与出肉率 由表4-7和表4-8可以看出，哈伯德宽胸型与常规型肉鸡相比，种鸡的繁殖力和仔鸡的增重均略低。但宽胸型仔鸡的出肉率（尤其是胸肉比例）却明显

提高。

表 4-8　哈伯德肉仔鸡的产肉性能

日龄	活重(千克)		料肉比		净膛后出肉率(%)		去骨胸肉(%)	
	常规型	宽胸型	常规型	宽胸型	常规型	宽胸型	常规型	宽胸型
28	1.28	1.25	1.53:1	1.54:1	—	—	—	—
35	1.80	1.75	1.68:1	1.68:1	66.8	67.3	—	—
42	2.30	2.24	1.82:1	1.82:1	67.9	68.5	16.0	17.2
49	2.77	2.71	1.96:1	1.96:1	68.8	69.4	16.5	17.7

(三)饲养管理特点

第一,在饲养管理过程中,控制给料量十分重要。调控给料量的因素之一是根据种公鸡和种母鸡的体重。在理想的管理条件下,对顺季鸡群,应采用母鸡体重的下限给料;而在管理条件不够理想以及对逆季饲养的鸡群,则应采用母鸡体重上限的指标给料。

第二,调控饲喂量的另一个办法,就是根据产蛋率的变化来调整,具体指标见表 4-9。

表 4-9　根据产蛋率调整给料量的参数

产蛋率(%)	给料量(克/只·日)	产蛋率(%)	给料量(克/只·日)
5	128～138	40	149～159
10	133～143	50	160～170
20	138～148	60	170～180
30	143～153	70	170～180

产蛋高峰过后,应根据产蛋率来决定喂料量,产蛋率每下降 2%,料量则减少 1 克,以控制体重和蛋重的增加。种公鸡则根据体重和肌肉发育情况,每天喂料 130～165 克/只。

四、海波罗-PN

海波罗-PN(Hybro-PN)是荷兰海波罗公司推出的一个新配套系鸡种。

(一)品种概述

海波罗-PN配套系鸡种为四系配套,全为白色羽毛。其母本带有宽胸型的血缘。

海波罗肉鸡很早就是一个优秀的肉鸡品种。早在1975年我国就引进过祖代种鸡。该鸡种的主要特点是持续高产,饲料消耗低,生产成本低。肉仔鸡的生长快,均匀度好,腹脂率低,抗病力强,能在各种不同的饲养管理条件下健康成长。海波罗-PN是在这样的基础上进一步选育提高而形成的,其主要特点是生长速度快,胸肉率高,料肉比低,经济效益好。

2002年,中国农业科学院家禽研究所(原江苏省家禽科学研究所)的祖代鸡场首家引进了该配套系的祖代种鸡。

(二)生产性能

1. 繁殖性能 海波罗-PN父母代种鸡的主要性能为:23～65周龄入舍母鸡平均产蛋数185枚,其中种蛋数为178枚,可孵出雏鸡148只。

2. 肉用仔鸡的生产性能 见表4-10。

表 4-10　海波罗-PN 肉用仔鸡生产性能

饲养日龄(天)	平均体重(克)	料肉比
28	1261	1.45:1
35	1833	1.61:1
42	2418	1.74:1
49	2970	1.85:1

由表 4-10 可见,该鸡的生长速度快,饲料报酬高,优点突出。

3. 产肉性能　海波罗鸡的产肉性能,可通过一个较早期在德国进行的屠宰试验来加以说明(表 4-11)。

表 4-11　几种肉鸡产肉性能比较

品种	胴体重(克)	占胴体的百分比(%)			胸肌蛋白质(%)
		胸肉	腿肉	腹脂	
海波罗(荷兰)	1319	27.3	30.9	2.5	23.7
罗曼(德国)	1300	26.6	30.3	2.8	23.4
哈伯德(美国)	1298	26.8	29.5	2.7	23.5
阿莎(丹麦)	1235	27.9	30.6	2.5	23.6
A.A.(美国)	1274	25.4	29.7	2.9	23.6

虽然该表数据不能完全代表海波罗-PN 的性状,但相比之下,海波罗仔鸡产肉较多,脂肪含量较低及胸肌蛋白质含量较高。

(三)饲养管理特点

海波罗-PN 是肉仔鸡业中的优秀品种之一,其饲养管理的基本原则与其他同类型品种有许多共同之处。此外,根据饲养实践,还需强调以下两点:

第一,在种鸡饲养过程中,对于种母鸡,要在 20 周龄时检查其胸肌发育的情况，并根据检查的结果，决定光照时间的调整。对于海波罗-PN的种母鸡来说，由于该鸡的胸肌比别的鸡种发达，不能混同于其他品种的标准。

第二，海波罗-PN的性成熟期为23周龄开产。必须在20周龄时进行公、母鸡合群。但此时公鸡的头宽较小，容易偷吃母鸡的饲料。应将公鸡料槽中的饲料分一部分到母鸡料槽中去，此时，公鸡的日采食量以70～80克为宜。

五、隐性白

（一）品种概述

隐性白羽肉鸡，实际上是属于快大白羽肉鸡中的某些品系。是从白洛克（或白温多得）中选育出来的。该鸡种除具有快大肉鸡的主要性状外，其特点是其羽毛的白色为隐性性状。

早在20多年前，我国的家禽科技人员就开始了对隐性白羽肉鸡品系的研究并取得了很好的成绩。但大规模在生产中应用，还是近期的事。在20世纪90年代，我国大量从国外引进隐性白种鸡，主要用于与国内的鸡种进行配套，以三元杂交为主的方式生产优质黄羽肉鸡。这种杂交鸡以广东省的“白云288”为代表，迅速形成了独具特色的广东三黄鸡的模式，先后出现了“新兴黄”、“康达尔”、“江村黄”和“岭南黄”等系列化的配套系鸡种，并很快达到了规模化生产水平。这种组配方式克服了国内地方鸡种产蛋少、生长慢的缺点，保留了黄羽、黄腿和黄皮肤的特征，其父母代的产蛋量得到明显提高，而其商品代的生长期也显著缩短。

（二）外貌特征

现有的隐性白品系，基本上都是在白洛克品种的基础上选育出来的。其外貌特征与许多快大肉鸡配套系的母本甚为相似。该鸡全身羽毛均为白色,体型呈丰满的元宝形;单冠,冠叶较小,冠、脸、肉垂与耳叶均为鲜红色;皮肤与胫部为黄色。眼睛虹膜为褐(黑)色,这一点是区别隐性白羽和白化变异的重要特征。

(三)主要性能

1. 生长期 0~21周龄的死亡率为2.5%。21周龄的体重为2 100克。0~21周龄饲料消耗8.9千克。

2. 产蛋期 21~68周龄的死亡率为4%。24周龄的体重2.4千克。68周龄的体重2.95千克。

到68周龄每只母鸡平均产蛋量190枚,每只母鸡平均产种蛋数184枚,每只母鸡平均产雏鸡153只。

21~68周龄饲料消耗48.2千克,每枚蛋平均耗料254克,每枚种蛋平均耗料262克,每只雏鸡平均耗料315克。

(四)饲养管理要点

根据在海南省的饲养观察,德国的隐性白比标准肉用种母系的成熟期要早。其24周龄时,产蛋率达到5%,体重的相对增重也达到最大值,表现出体成熟与性成熟的基本同步。

从品种特性来看,该鸡仍属于快大肉鸡的范畴,在饲养管理过程中,仍应注意其生长发育规律的情况,避免出现过瘦或过肥的现象。

六、伊莎红羽肉鸡系列

该系列鸡种是哈伯德——伊莎家禽育种公司培育并推广的。

(一)品种概述

伊莎红羽肉鸡系列多达近30个配套系。他们各具特色,可适应世界上多数国家红羽肉鸡市场的需求。这些品牌的组合虽然很多,但作为母系使用的主要有3个,即伊莎JA57(ISA-JA57)、伊莎克拉(ISAColor)和红波罗(Redbro)。这些品系的共同特点是生长速度快、耐粗放饲养、抗病力强、成活率高,肉味好,红羽、黄喙、黄腿、黄皮肤。此外,还有一个很重要的特点是体色(羽、喙、胫、皮)属隐性性状,JA57与伊莎克拉还带有隐性矮小基因(dw),可与带任何特点的种公鸡配套杂交,产生出能适应多样市场需求的商品肉仔鸡。如与快大型白羽、红羽、芦花羽、裸颈等公鸡交配,可产生出生长速度快、白羽、红羽、杂色羽和裸颈的商品仔鸡。

(二)生产性能

1. 伊莎JA57 JA57的主要特点是:体色为隐性,肉质优良、脂肪含量适中,带隐性矮小型基因,可节约饲料20%以上。我国在1986年就曾引进过,其商品代雏鸡可羽色自别雌雄。

该鸡可与不同特点的种公鸡配套杂交生产出可适应诸多市场需求的肉仔鸡。例如:与快大型白羽种公鸡配套杂交可得到半快大型商品仔鸡,该杂交鸡在56日龄时的死亡率极低,而其活重、出肉率、饲料报酬等,则与快大鸡的商品鸡相差无几。又如:JA57的母鸡与裸颈、白皮肤或深皮肤的公鸡杂交,能生产出具有良好适应性和具有特色需求(如裸颈鸡,可抗热应激)的商品鸡。

JA57的主要生产性能:20周龄体重1.61千克,40周龄2.1~2.25千克;70周龄2.3千克。60周龄入舍母鸡平均产蛋212枚,其中种蛋200枚。0~65周龄期间耗料量250克/枚,22~65周龄期间200克/枚。

2. 伊莎克拉 该鸡种的体色隐性,带dw矮小基因,耐粗饲,易管理，适于散养。其配合力很好，可与许多不同特点的公鸡配套杂交生产出不同羽色、肤色、裸颈等性状的商品仔鸡。如与快大型公鸡杂交，其后代的生长速度虽然慢几天，但在较低的饲养水平下，其主要性能并不逊色。

伊莎克拉的主要生产性能：20周龄体重1.65千克，60周龄2.5~2.6千克。5%产蛋率周龄为23周，至65周龄累计产种蛋183枚。

3. 红波罗 体型较大，为有色红羽鸡，肉用仔鸡生长速度快，具有三黄特征，即为黄喙、黄脚、黄皮肤。胴体皮肤光滑，味道较好。初生雏重达38~40克，绒毛呈红色，无白羽鸡。成年鸡羽色一致，鸡冠为单冠，公母鸡冠齿极大，肉髯、耳叶均为红色，较大。

用全价饲料60天体重可达2.2千克，饲料转化率为2.2~2.7:1。生活力强，60日龄存活率97%以上。20周龄体重为1.9~2.1千克，64周龄体重为3~3.2千克。入舍母鸡累计产蛋数(66周龄)185枚，入舍母鸡累计提供种蛋数(64周龄)165~170枚，入舍母鸡累计提供肉用仔鸡初生雏数137~145只。死亡率生长期为2%~4%，产蛋期(每月)0.4%~0.7%。平均日耗料量为145克。平均入孵蛋孵化率83%~85%，受精蛋的孵化率达90%~95%。

七、安卡红鸡

（一）外貌特征

安卡红鸡体型较大、浑圆，是目前国内生长速度最快的红羽肉鸡。初生雏较重，达38~41克。绒羽为黄色、淡红色，少数雏鸡背部有条纹状褐色，主翼羽、背羽羽尖有部分黑色羽，公鸡尾羽有黑色，肤色白色，喙黄，腿粗，胫趾为黄色。单冠，公、母鸡冠齿以6个居多，肉髯、耳叶均为红色，较大、肥厚。

（二）生产性能

1. 产蛋性能 安卡红鸡父母代生产性能：淘汰周龄为66周龄，每只入舍母鸡产蛋总数176枚，其中可做种蛋数164枚，出雏数140只，25周龄产蛋率达5%。

2. 产肉性能 商品代肉鸡的主要生产性能：该商品代饲料转化率高，生长快，饲料报酬高，6周龄体重达2 001克，累计料肉比1.75∶1；7周龄体重达2 405克，累计料肉比1.94∶1；8周龄体重达2 875克，累计料肉比2.15∶1。

3. 繁殖性能 种蛋孵化率达87%。0～21周龄成活率94%，22～26周龄成活率92%～95%。

（三）饲养管理特点

1. 提高存活率 注意环境卫生，经常打扫鸡舍；育雏、育成阶段按时接种疫苗，减少疾病的传播，提高鸡群的存活率。

2. 适时断喙 安卡红鸡易发生啄食癖，因此，在5～9日龄给雏鸡进行1次断喙，在断喙的前两天饲料中加入维生素K，以防断喙出血不止。

（四）供种单位简介

为适应国内市场的需求，上海华青鸡场对曾祖代种鸡经过几个世代的选育，逐步淘汰羽色较红的种鸡，使安卡红鸡逐步向黄羽的方向发展。安卡红曾祖代鸡的引进，加快了我国黄羽肉鸡市场的发展，为我国地方品种的改良提供了素材。

八、科宝500

科宝500(Cobb 500)原产于美国,在欧洲、中东及远东的一些地区均有饲养。我国饲养最多的单位是广东省广州穗屏企业有限公司。

科宝500配套系是一个已有多年历史的较为成熟的配套系。早在10多年前,就曾在丹麦、日本等地进行过测定。例如:在1992年的一项测定结果中,该鸡的父母代种鸡在67周龄时的产蛋量就达到168.7枚,其中种蛋为155.7枚,平均孵化率为75.7%,每只种母鸡可产商品代雏117.88只。同样,于1992年在丹麦的一次测定中,其商品代仔鸡在42日龄时,活重达2.186千克,饲料报酬为1:1.8,死亡率为4.2%。在丹麦所进行的大批量商品代仔鸡的测定中,共用70万只仔鸡,其42日龄时,平均体重达到1.869千克,死亡率为4.7%,饲料报酬达到1:1.84。

附录　供种单位

品种名称	供种单位	邮政编码	电话
大骨鸡	大连市庄河市种畜场大骨鸡繁育中心	116400	0411—8700831
北京油鸡	北京市海淀区西郊板井北京市农林科学院畜牧兽医研究所	100089	010—51503472
	北京市海淀区圆明园西路2号中国农科院畜牧研究所北京华谷生物营养科技发展有限公司	100094	010—62816007
溧阳鸡	江苏省溧阳市种畜场	213300	0519—7680084
鹿苑鸡	江苏省江都市邵伯镇省家禽科学研究所	225261	0514—6587763
武定鸡	云南省武定县近城镇种鸡场	651600	0878—8712150
浦东鸡	上海市南汇周浦川州路4148号浦东鸡良种场	201300	021—5811572
桃源鸡	湖南省桃源县青林乡古堤村桃源鸡种鸡场	415700	0736—6600317
惠阳胡须鸡	广东省惠州市农业局惠阳种鸡场	516200	0752—2810363
清远麻鸡	广东省清远市附城镇市畜牧水产示范场	511500	0763—3925979
杏花鸡	广东省封开县江口镇曙光路6号	526500	0758—6663009
霞烟鸡	广西容县黎村家禽协会	537506	0775—5698875
	广西容县石寨霞烟鸡种鸡场	537506	0775—5551438
河田鸡	福建省长汀县汀州镇北环路188号远山农业发展公司	366300	0597—6831406
瓦灰鸡	江西省安义县农业局	225003	0791—3428670
固原鸡	甘肃省静宁县东馆静宁县畜牧中心	743400	0933—2521172

续表

品种名称	供种单位	邮政编码	电话
崇仁麻鸡	江西省崇仁县麻鸡原种场	344200	0791—3428670
陕北鸡	陕西省靖边县畜牧兽医站	718500	0912—4621491
太白鸡	陕西省太白县畜牧兽医站	721600	0917—4951094
康乐鸡	江西省万载县康乐原种场	336100	0759—8322005
黄郎鸡	湖南省衡阳县畜牧水产局	421200	0734—8333143
阳山鸡	广东省阳山县新圩镇连陂村国道旁阳山鸡黄氏发展有限公司	513100	0763—7290484
怀乡鸡	广东省信宜市畜牧水产局种鸡场	525300	0668—8875385
灵昆鸡	浙江省温州市畜牧兽医站	325000	0577—88224203
南丹瑶鸡	广西南丹县小场种鸡场	547200	0776—6212361
宁都黄鸡	江西省宁都县梅江镇背村	342800	0797—6828397
文昌鸡	海南省文昌市潭丰镇榕籽文昌鸡养殖有限公司	571300	0898—63626666
	海南罗牛山文昌鸡育种场	571300	0898—65774575
丝羽乌骨鸡	江西省泰和县泰和鸡原种场	343700	0796—5380518
四川山地乌骨鸡	四川省兴文县万寿镇建设村四川山地乌骨鸡原种场	644400	0831—8860023
金湖乌骨鸡	福建省泰宁县	354400	0598—7836493
余干乌黑鸡	江西省余干县畜禽良种场	335100	0793—3220738
江山白羽乌鸡	浙江省江山市江山白羽乌鸡种鸡场	324100	
盐津乌骨鸡	云南省盐津县盐津乌骨鸡良种选育场	657500	
略阳鸡	陕西省略阳县畜牧兽医站种鸡场	724300	0916—4822353
乌蒙乌骨鸡	贵州省毕节市毕节地区畜牧科研所	551700	13098579548
竹乡鸡	贵州省赤水市畜牧局	564700	0852—2821046

续表

品种名称	供种单位	邮政编码	电话
矮脚鸡	贵州大学动物科学系科研种鸡场	550000	0851—3851579
	贵州省兴义市畜牧局品种改良站	562400	0859—3228491
黔东南小香鸡	贵州省畜牧兽医研究所	550003	0851—5401426
	贵州省榕江县种鸡场	557200	13508558494
威宁鸡	贵州省毕节地区畜禽品种改良站	551700	0857—8243737
艾维茵	北京市朝阳区华严北里甲1号健翔山庄D7楼北京家禽育种公司	100029	010—62051469转8028
	吉林省德惠市吉林德大有限公司	130300	13904392452
新兴黄鸡配套系	广东省新兴县簕竹镇榄根广东温氏南方家禽育种公司	527439	0766—2291496
	江苏省溧水县南京温氏家禽育种公司	211200	025—7431188
康达尔黄鸡配套系	广东省深圳市龙岗区坑梓康达尔养鸡公司	518122	0755—84128132
京星优质肉鸡配套系	北京市圆明园西路2号北京华谷生物营养科技发展公司	100094	010—62816007
江村黄鸡系列	广东省广州市白云区江高镇松岗街128号广州江丰实业公司	510450	020—86206568
岭南黄鸡配套系	广东省广州市天河区五山广东省农科院畜牧研究所	510640	020—38765359
粤禽黄鸡	广州市石井广东省家禽科学研究所	510430	020—86023430
新广黄鸡	广东省佛山市杨梅镇新广畜牧公司	528515	0757—8856956
苏禽黄鸡	江苏省江都市邵伯镇省家禽科学研究所	225261	0514—6587077
新扬州鸡	江苏省扬州市扬州大学畜牧兽医学院	225002	0514—7979045
新狼山鸡	江苏省江都市邵伯镇省家禽科学研究所	225261	0514—6587763

续表

品种名称	供种单位	邮政编码	电话
海红黄鸡	广东省广州市石井广东省家禽科学研究所	510430	020—86023430
广西三黄鸡	广西容县十里乡甘旺村养鸡场	537500	0775—5112981
景黄鸡	江西省景德镇市德宇集团	333001	0798—8381239
皖南黄鸡	安徽省宣城市向阳镇华大集团家禽育种公司	242052	0563—3138129
贵州黄鸡，贵农金黄鸡	贵州大学动物科学系科研种鸡场	500025	0851—3851579
墟岗黄鸡	广东省佛山市张槎镇墟岗黄鸡畜牧公司	528000	0757—2206381
闽中麻鸡	福建省永安市昌民禽业公司	366000	0598—3655123
河横青脚鸡	江苏省姜堰市河横家禽育种公司	225538	0523—8659899
梅岭土鸡系列	浙江省杭州市近江种鸡场	310016	0571—86044723
萧山草三黄鸡系列	浙江省萧山市新塘乡萧山玉泉家禽公司	311201	0571—82791200
神农优质肉鸡	浙江省余姚市临山镇神农畜禽公司	315460	0574—2055490
新秀黄系列肉鸡	浙江省嘉兴市风桥秀渊珍畜禽育种公司	315460	0574—62055490
雪山草鸡	江苏省武进市湖塘镇立华畜禽公司	213161	0519—6708357
皖江系列肉鸡	安徽省宣城市向阳镇华卫禽业育种公司	242052	0563—3138668
江淮优质鸡	安徽省合肥市长江西路130号江淮家禽育种公司	230036	0551—2834515
皖禽肉鸡	安徽省芜湖市二环北路华源禽业集团	241000	0553—2876007
三青黄鸡	安徽省宣城市杨柳镇三青禽业公司	242064	0563—3775877

续表

品种名称	供种单位	邮政编码	电话
贡鸡	福建省永安市南山家禽育种公司	366000	0598—3851300
闽燕系列肉鸡	福建省永安市茅坪农场	366000	0598—3831513
河南黄鸡系列	河南省原阳县桥北乡黄河珍禽公司	453513	0373—7594916
金种黄鸡系列	广东省惠阳市秋长镇金种家禽公司	516221	0752—3556895
鲁禽系列	山东省淄博市沂源县鲁村镇明发种禽公司	256104	0533—3640200
爱拔益加	北京市保利大厦美国安伟捷公司北京代表处	100027	010—64157670
	北京市朝阳区裕民路3号天星大厦209室北京爱拔益加公司		
	山东省潍坊市北海路523号爱拔益加潍坊办事处	261041	
	山东省烟台市福山区东陌堂村益生种畜禽公司	265508	0535—6480108
	吉林省德惠市德大公司	130300	13904392452
罗斯-308	美国安伟捷公司北京代表处北京保利大夏	100027	010—64157670
	北京市朝阳区安华西里二区10号楼北京大风家禽育种公司	100011	010—84242063
哈伯德宽胸肉鸡	北京市哈伯德伊莎公司驻京办事处	100027	010—65532159

续表

品种名称	供种单位	邮政编码	电话
海波罗-PN	北京市朝阳区幸福大厦荷兰海波罗公司北京办事处	100027	010—64620158
	江苏省江都市邵伯镇省家禽科学研究所祖代鸡场	225261	0514—6587763
隐性白	山西省畜禽繁育工作站	030001	0351—4043594
	南京温氏家禽育种公司	211200	025—7420665
伊莎红羽肉鸡系列	北京市哈伯德伊莎公司驻京办事处	100027	010—65532159
安卡红鸡	上海市真南路2949号上海新杨家禽育种公司	200331	021—66956516
科宝500	广东省丛化市棋杆镇钻石大道18号广州穗屏企业公司种鸡场	510935	020—87861838